U0176675

国家社会科学基金项目"西班牙黄金世纪戏剧研究"(19BWW063)
阶段性成果

XIBANYA HUANGJINSHIJI HAIYANGWENHUA YANJIU

西班牙黄金世纪海洋文化研究

刘　爽　著

中国海洋大学出版社
·青岛·

图书在版编目(CIP)数据

西班牙黄金世纪海洋文化研究 / 刘爽著. —青岛：
中国海洋大学出版社，2020.10
ISBN 978-7-5670-2630-8

Ⅰ.①西… Ⅱ.①刘… Ⅲ.①海洋－文化史－研究－
西班牙－16-17 世纪 Ⅳ.①P7-095.51

中国版本图书馆 CIP 数据核字(2020)第 214825 号

出版发行	中国海洋大学出版社			
社　　址	青岛市香港东路 23 号		邮政编码	266071
出 版 人	杨立敏			
网　　址	http://pub.ouc.edu.cn			
电子信箱	cbsebs@ouc.edu.cn			
订购电话	0532－82032573(传真)			
责任编辑	纪丽真　赵孟欣		电　话	0532－85902469
印　　制	青岛国彩印刷股份有限公司			
版　　次	2020 年 10 月第 1 版			
印　　次	2020 年 10 月第 1 次印刷			
成品尺寸	170 mm×230 mm			
印　　张	13.75			
字　　数	205 千			
印　　数	1～1000			
定　　价	48.00 元			

发现印装质量问题,请致电 0532－58700168,由印刷厂负责调换。

序 一

刘建军

2020 年夏末秋初,受曲金良教授之托,为其高徒刘爽博士新著作序。金良学兄乃国内海洋文化研究领域的领军学者,师门弟子皆出手不俗。刘爽这部《西班牙黄金世纪海洋文化研究》印证了我的预期。

面对我国长期以来对世界海洋文化,尤其是对西班牙这个曾经海洋强国文化研究较为薄弱的领域,刘爽博士的这部著作有三个优长之处值得一提。

首先,是她在辩证的历史文化意识中形成的较为新颖的文化观。我们知道,任何对历史文化问题的重新考察,都必须要有一种强烈的辩证的历史文化意识。就是说,我们必须要把某一历史文化现象,放到具体的历史情境中去把握,而不能用今天的标准去评价历史上出现的文化现象。换言之,不是从概念出发去评判,而是坚持从历史发展、所谓从实际出发去进行研究,才能得到较为科学的结论。例如,著者在书中提出,文化的本质是人们精神、情感、意识之间的联系,是活的有机体和动态的发展过程。而文明则是在某种特定的历史阶段中,通过人们的文化活动所形成的一种价值尺度和思维结晶。而人类在任何一个阶段所形成的文明价值尺度,既包含在每一个具体的文化现象中,也体现在文化这个活的有机体的运动中。所以,具体社会政治、经济和文化现象的流变与发展过程,就是历史。而每个时期的社会文化现象中所体现出来的当时人类所达到的对人的认识程度,对人与世界关系的理解和把握程度,其实才是文明史的本义。如果我们承认这个前提,就可以说,今天研究西班牙大航海时代的文化现象,并非是为了满足著者翻故纸堆的喜好,或单纯为历史翻案,而是要通过对它的科学研究,来考察那个时代的人们对自身认识所达到的程度和对人与世界关系的把握程度,即当时文明所达到的尺度。正是通过对这种文化所达到的文明价值的把握,我们才能够真正看清楚西葡帝国时期的西班牙人比欧洲其他国家的人走快了多远,也才能够看清楚他们与后来的海洋国家相比,还有多少不足,从而对人类文明的发展做出科学的说明。

正是基于此,该书的作者深刻意识到,大航海时代的西方文化,说到底是一种广义的文化现象,并且是已经成为了历史的一种文化现象。史学家布罗代尔在其"地中海与地中海世界"研究中提示后人,"地中海甚至不只是一个海,而是'群海的联合体'"①。换言之,西班牙在大航海时代形成的海洋文化表征,在欧洲乃至人类历史上具有独特的不可替代的作用,也是西方文化史链条上不可或缺的一环。刘爽博士的著述,以20万字的篇幅,辩证、系统地回答了这其中的一系列问题,表现出自觉而强烈的历史意识和学术研究的深邃性。不仅如此,刘爽博士还很好地运用文化学研究的有效方法,拣选、甄别、取舍多种形式的研究资料,推导出一些独到的富有创见的结论。

其二,该书在对具体历史文化现象考察中体现了强烈的问题意识。我们知道,在明确的问题意识引导下,学术研究的创新性才能得以凸显。刘爽在《西班牙黄金世纪海洋文化研究》一书中,紧紧围绕着15至17世纪西班牙帝国以海洋为中心的活动中所出现的一系列重大问题,尤其是如何看待和评价文化在西班牙这个海洋强国特定历史时期的作用问题上,以丰富详尽的史料,揭示了文化的巨大作用,并从时间维度、空间维度、精神维度上进行了宏观而贴切的解答。在该书中,作者不断指出并加以强调,在三个世纪的兴衰历程中,文化先行策略始终是西班牙帝国的治国根本。例如,论述15世纪西班牙崛起,作者侧重阐发西班牙帝国的海洋扩张与文化先行策略之间的表里互证。她指出,帝国上升阶段海洋文化的显性物质层面表现为海上探险、海洋拓殖,海洋文化的隐性精神

① 〔法〕费尔南·布罗代尔《菲利普二世时代的地中海和地中海世界(第一卷)》第一版序言,唐家龙、曾培耿译,商务印书馆1996年版,第3~4页。

层面体现在两个向度的价值引导,即以语言为载体面向殖民地实施"命名",以文学为载体面向国内构建"帝国想象"。强调这一时期负载帝国意志的政治军事行为通过文化先行策略的隐性助推,凝聚成西班牙崛起时期社会各阶层的普遍价值认同。诸如上述这样的例证与阐发,贯穿始终。这对今天的一些年轻研究者来说,非常具有启迪意义,即要开展某一领域的研究,必须要清楚自己打算解决的问题是什么,同时还要明确,用什么样的材料来证明自己解决问题的方式是有效的。

其三,文化批评一般说来都是指向哲理性的表达,而不是具体道理的宣讲。若一个文本(不仅仅限于文学作品)体现出了某种哲理,就使得它具有了多元阐释的可能,即阐释的无限性。而一个只知道讲某一个具体道理的著者,阐释的丰富性是受到限制的。换言之,"道理"是具体的,是针对某一个具体对象而言的。而"哲理"则是抽象的,具有普遍性的特征。这一点,在中外文学史、文化史上可以说屡见不鲜。如果研究西班牙大航海时代海洋文化,只认为这一时期的文化现象的流变是告诉读者,西班牙在近代三百年间崛起了,停滞了,封闭了,从而指向的是批判西班牙帝国的朽腐现实,那就是在讲一个关于西班牙的道理。但若我们知道,在这个道理背后,还有一个深刻的哲理,即一个民族的兴盛与停滞,完全来自于自己内部成员观念更新或自我封闭,那才是哲理性的思考。因为这种哲理的东西不仅仅适用于西葡帝国时期的西班牙,并且对世界上其他的国家和民族都有警示和借鉴作用。这才是具有世界性和普适性价值的东西。从这个意义上来讲，刘爽博士的这部作品说的既是西班牙海洋文化，同时也是对一种强盛文明兴衰的反思。因此，这部著作不失为一部富于哲理的海洋文化批评文本，具有沉静隽永的思辨意味。

当前，随着社会的发展和全球化视野的敞开，原有的以单纯的知识体系和自身学理系统展开的学术研究，已经不能适应学科交叉的研究诉求。我们正是要通过文学史、文化史当中被遮蔽或忽视的部分，以辩证思维、问题解答的方式，重新构筑中外文化、东西方海洋文化研究的知识形态。"剖析与综观一个时代的基本精神内涵，是一项兼有历史学家之批判性事实研究和哲学家之架构性想象的使命。"①《西班牙黄金世纪海洋文化研究》这部书，不仅从选题和内容上弥补了国内西班牙海洋文化研究的缺环，而且在西班牙史和欧洲文化史研究领域，都具有一定的学术价值。整部作品语言流畅优美，体现出作者对学术语言的一种审美追求。

"映日荷花别样红"——以此，赠予刘爽博士。

刘建军，上海交通大学特聘教授，中国高等教育学会外国文学专业委员会会长。

---

① 〔德〕特洛尔奇《基督教理论与现代》，朱雁冰等译，华夏出版社 2004 年版，第 43 页。

序 二

曲金良

欣闻刘爽博士的新著《西班牙黄金世纪海洋文化研究》即将付梓,作为她的同事,忝列她读博的导师,我为之高兴。该书出版之际,适逢国家重大学术工程"《(新编)中国通史》纂修工程"立项,《中国海洋史》列为一卷,这枚海洋文化研究的"他山之玉"也就有了特别的意义。中国学界关于海洋文化的研究已经进入一个新的阶段,刘爽博士这一代青年学者对种种相关问题的新思考,必定可以大大推动海洋文化研究的全面、整体、系统建设发展。

毋庸讳言,西方海洋文化作为我们认识、评价中国海洋文化的参照,在很多重要的、带有根本性的问题上仍有"未解之谜"。长久以来,在海洋文化研究的话语体系中,西方模式、西方经验一直居于海洋文化研究的中心,而中国学界自己的海洋文化理论、话语却往往被弱化、淡化、边缘化。翻开西方文化的历史就会发现,西方文化是一些此起彼伏的文明体,你争我夺、不断吞并、不断"你方唱罢我登场"所形成的短命文化。其被古希腊罗马神话传说与后来的考古发掘所"证明"存在的"古典时期",在历史的长河中只是昙花一现,罗马被肢解,在"黑暗的中世纪"中几乎变得无影无踪,只剩下北欧的海盗文化;近代以来欧洲的崛起,主要表现在其"大航海""地理大发现"亦即世界大殖民、大掠夺,包括"发现"了东方,实施了对中国的大掠夺上,表现在"海权论"思想支配下的世界海洋霸权争夺上。这是我们称之为西方"海洋文化"的基本发展道路。我们对此应如何看待、如何评价,关乎我们如何对自己与西方不同的海洋文化发展模式的认识和评价。

值得欣慰的是,刘爽在《西班牙黄金世纪海洋文化研究》一书中表现了鲜明、客观的学术立场,基于海洋文化研究的基本理论,把西方大航海时代西葡帝国的历史作为海洋文化研究的"化石",全面系统地考察了这一曾经的西方海洋强国在其兴起过程中,是如何将其海洋军事、海洋经济所构成的海洋硬实力,通过海洋意识观念、海洋宗教伦理、海洋政治谋略、海洋外交策略、海洋文学艺术、海洋价值理想等海洋文化软实力的经营,因应互动建构起了其海洋强国的文化发展模式的。其兴也勃焉,其衰也忽焉。其成败得失作为我国实践和平海洋强国建设战略的"他山之石",无疑具有重要的比较与借镜意义。

　　刘爽在论著中强调了文化先行策略在西班牙海上崛起时期的重要功用。这是她的一大学术"发现"。如书中所论,15至17世纪西班牙在政治、军事、经济崛起的历史进程中,文化先行策略作为其国家意志的载体,发挥着举足轻重的作用。一方面,海洋军事、海洋经济构成了西班牙帝国海上崛起的物质层面,并通过海上探险、海外拓殖等显性形式展现出来;另一方面,海洋意识观念、海洋宗教伦理、海洋政治谋略、海洋外交策略、海洋文学艺术、海洋价值思想构成了西班牙帝国海洋文化的精神层面,体现了其国家意志,实现了价值引导和价值认同的教化功能。这是西方近代历史上第一个崛起的海洋强国,对其迅速崛起,近代以来我国已有的认知主要是其"船坚炮利"、海外殖民,而对其文化先行策略则知之不多,揭示、重视不够,刘爽博士的这一力作,弥补了这一认知、研究缺环。

　　由于受学科分野、观念体系和学术惯性的限制,在很长的时间里,海洋文化的自觉研究只能在传统史学、文化学、文化史研究的边缘、夹缝中"生长",近些年来才渐次进入学术主流。随着我国"海洋强国"战略、"一带一路"倡议、"海洋命运共同体"构建的提出,我国学界多学科、多视野、多层面的海洋文化研究,已然成为学术热点。这是十分可喜、十分必要的。由于海洋文化研究的内涵体系十分庞大,必须进行历史学、海洋学、文化学等相关多学科的交叉整合才能整体把握,得其要领,这既需要理论上的系统建构,又需要在实证上的系统发掘。实证研究不仅需要以我国的海洋文化历史与现实为视域，还应该而且必须将世界海洋文化历史与现实纳为"版图"。就后者而言，我国学界的研究还远远不够。从这点来看，刘爽具备了学术开拓的基础、勇气和韧性。她基于比较文学与世界文学、中西跨文化传播的学科视野，既有西方文学研究的长期学术积累，又有从事海外汉语教学、海外汉学研究的长期实践，十年浸润于主要针对西班牙语国家的中外文化交流，在此基础上着眼于世界海洋文化历史与现实研究的这一专题"解剖"，可谓应时而至，其创新性和重要价值是不言而喻的。

《西班牙黄金世纪海洋文化研究》一书，既有史学研究的沉实，又富有哲学研究的思辨，同时不乏文学研究的灵动。书中对西班牙帝国的崛起做历时性考察，以其崛起的态势或标志性事件作为节点，以其海洋精神文化和海洋物质文化的同构一体，解析其显性和隐性层面的文化内涵。作者基于这样的整体把握，建构了一个很好的全新的分析框架，据此得到了很多重要的研究发现。具体来说，对于西班牙帝国崛起的初期阶段，作者论证指出，这一时期显性层面的海上探险、海洋拓殖的政治、军事行为构成了其海洋文化的物质组成部分，而隐性层面则表现为两个向度的价值引导和价值认同，即对海上探险、军事行为、海洋拓殖事先进行"概念设计"：一是以语言为载体面向殖民地实施"命名"，二是以文学为载体面向国内外构建"帝国想象"，从而使其海外拓殖的理念和实践变为帝国各阶层的普遍价值认同,并对其外部世界发挥着影响。这种文化先行的经营策略构成了西班牙帝国海洋文化的精神部分。而对于16世纪西班牙帝国繁盛时期的文化模式,作者则运用了空间批评理论"移步换景",揭示了西班牙政府以空间同化策略加强宗主国与殖民地之间的一体化管理,通过规划兴建大型城市、以城市中心矩形广场等空间符号建立秩序和权威,以达到其巩固王权一统的空间规训功能的文化构建。及至论说帝国由盛转衰的历史时期,则从日常生活、文学表现和历史记忆三方面归纳出近代西班牙的文化面貌及其价值思想体系,指出西班牙人海洋文化软实力的影响并没有因帝国的消亡而消失,流播久远依然不容忽视。以上这样的认知,设若没有其全新的分析框架的建构,是得不出来的。

以人道、人性、和平、正义的文明立场来看,近代西班牙通过海洋扩张、殖民所打造的帝国之路是不可取的。但无论其兴其亡,文化因素、文化经营在其兴衰历程中所起到的作用,毕竟是值得关注、解剖和解读的。在我们实现和平海洋的强国之路上,应当充分发挥文化软实力的经营之功,因应"海洋强国"战略打造我国海洋发展的综合实力。

随着世界现代化、经济全球化进程的迅速推进,人类生活的地球暴露出越来越多的环境、资源、精神与社会问题,因而人们的关注热点,已由以往对经济发展的重视,对科技发展这一"工具理性"的重视,更多地转向了对文化的重视。20世纪

90年代美国政治学家塞缪尔·亨廷顿、未来学家阿尔文·托夫勒和德国学者哈拉尔德·米勒从"文明的冲突"和"文明共存"等不同视角考察当今世界大趋势所提供的文明即文化的分析框架,引起越来越多的世界性关注。人们用文化因素来解释世界各国各民族不同的发展类型与路径,解释全球化进程中所产生的国家之间、民族之间、人与人之间、人与环境之间、物质与精神之间等一系列问题,并试图用文化的理论与方法探求其解决方案。由此,文化问题、文化战略问题正越来越成为世界关注的热点与重点。所谓文化发展战略就是要以"人文价值理性"作为基本原则,建构发展的终极目的意义,用以统领发展方向,改变现代化进程所导致的"世纪病态",以求得世界不同国家之间、族群之间、人种之间——亦即世界上的人与人之间的长期合作发展关系,建构"人的文化"而不再是"物的文化"。然而不少学者只忙于引进时髦的西方文化理论,甚至到了囫囵吞枣、似懂非懂、东施效颦,还沾沾自喜的地步。刘爽的著作之所以让我感到耳目一新,深为认同,就在于著者切实又中肯地用事实说话,而不是概念、理论的演绎。著者有机调动西班牙地方志、档案、照片、报纸、文学作品,以20万字左右的篇幅全景式地描绘了西班牙15至17世纪的历史风貌,揭示出西班牙文化的海洋特质。这种批评的态度和研究的方式我以为是值得提倡的。

我与刘爽相识多年,既有同事之谊,亦有师生之情。在

《西班牙黄金世纪海洋文化研究》即将问世之际，衷心祝贺刘爽，更期待她以这部创新成果为新的起点，继续耕耘，收获更多研究果实，做出更多学术贡献。

　　曲金良，中国海洋大学二级教授，中国中外关系史学会副会长，海洋文化教育联盟副会长。

前　言

本书依据海洋文化的物质文化和精神文化二分法，基于海洋文化研究的基础理论体系，尝试回答这样几个问题：为什么是偏居伊比利亚的西班牙能够成为第一个日不落帝国？西班牙帝国的海洋文化模式是如何经营运行的？帝国的衰落是否意味着其海洋文化模式落后于时代？身处海洋世纪，心怀大国梦想的我们，非常有必要回溯近代西方第一个海洋强国的兴衰历程，将西班牙帝国作为一个闭环的案例加以研究，总结其正反两方面的经验教训，来为我国的海洋强国建设提供世界历史上的镜鉴。

哥伦布发现新大陆，貌似是西方的"上帝"给西班牙国王的一个偶然。当我们把大航海时代到来前的西班牙社会做一系统梳理时却会发现,民族运动的蓬勃发展,收复失地的战争凝聚了西班牙的向心力,政教合一、中央集权式的政治制度为帝国崛起提供了可能性。航海技术的革新,造纸术、印刷术的传入,本土技术革命为帝国崛起提供了可行性。较之当时纷争割据的欧洲其他诸国,西班牙在意识形态领域的凝聚力和向心力使其崛起成为必然。

强调西班牙是一个海洋帝国,不仅仅是从疆域类型来划分,还凸显了帝国文化的海洋特质。诚然,西班牙帝国的政治、经济、军事都缘海而兴,海洋军事、海洋政治、海洋经济所形成的海洋硬实力,与海洋外交、海洋审美、海洋价值观所形成的海洋软实力因应互动,或明暗呼应,或并驾齐驱,或互为因果,在一种动态过程中建构了西班牙独特的海洋文化经营模式。

本书对西班牙帝国的发展做历时性考察,但并不拘囿于确切年份起止,而是以帝国发展的态势或具有里程碑意义的事件作为节点。具体来看,研究 15 世纪的西班牙会关注帝国的海洋扩张与文化先行策略之间的因应互动。分析帝国崛起的上升阶段,海洋文化的显性物质层面表现为海上探险、海洋拓殖,海洋文化的隐性精神层面体现在两个向度的价值引导,即以语言为载体面向殖民地实施"命名",以文学为载体面向国内构建"帝国想象"。此一时期,负载帝国意志的政治军事行为通过文化先行策略的隐性助推,凝聚成帝国初期社会各阶层的普遍价值认同。

16世纪西班牙帝国的显著事件是形成大三角贸易。海洋贸易给西班牙人带来早期经济全球一体化的繁盛,也给他们丢下尾大不掉的困扰。西班牙王室运用空间同化策略,发挥空间规训功能,面向国内树立王权威严,消除"黄金漏斗"经济造成的民怨,面向国外殖民地则强化了宗主国的一体化管理。西班牙新首都马德里和美洲殖民地首都利马,都是西班牙王室命名兴建的新城,赋予它们首都的规模和地位,这一形式本身也充满了"命名"的权威意志。马德里和利马的个案说明了早期全球经济一体化时期,宗主国与殖民地之间如何利用空间规训的文化经营达到意识形态的一体化。

17世纪西班牙帝国即使在因西欧本土"战国"四起、诸"雄"争霸、海外世界相互吞并、战争厮杀不断而由盛转衰的这一历史阶段,面对内忧外患的局势,也十分注重运用"文化适应"策略,通过刚性和柔性并重的外交手段,试图去巩固其帝国王朝"最后的辉煌"。此一时期,经过两个多世纪海洋文化经营的西班牙人,已经在思想观念上形成了较为系统的"西班牙式"的世界意识,从日常生活、文学表现和历史记忆三方面反映出了具有多元融通特征的价值思想体系。东西方交流、全球贸易给西班牙人的生活打上深深的时代烙印,帝国时期形成的造型艺术、文学作品、汉学研究等精神文化产品,形塑了多元融通的价值体系,对欧洲启蒙主义运动影响深远。西班牙"帝国"及其海洋扩张的硬实力早已成为过眼烟云,但西班牙人海洋文化软实力的影响并没有因帝国的消亡而消失,流播久远依然不容忽视。

乔治·利斯卡曾指出:"帝国是一个在实力、范围、显著性和使命感方面都超越他国的国家。"①回溯世界强国逐鹿海洋的几个世纪的历史,的确可以印证利斯卡这一提法。但今天的大国思维,必然不同于以往历史中常见的利用幅员、资源占有和军事力量优势来进行超地域扩张,并寻求世界权力的超级民族国家,取而代之的应当是一种以文化价值推广、经济活动全球化和军事力量为辅建构的现代国际政治格局。因此,"和平海洋"是中国"海洋强国"道路的必然选择。中国既没有对外扩张霸权以谋取利益的传统,也没有与邻人争权夺利的习俗,正如习近平总书记一再强调的,"我们有权维护正当的海洋权益"。大时代需要大格局,大格局需要大智慧。中国经略海洋的文化策略和国家行为,不仅对亚太发展前景乃至对世界格局都至关重要,毕竟海洋不仅是人类命运共同体的载体,也是人类真实的命运共同体。

---

① George Liska:*Imperial America*:*the international politics of Primacy*,Baltimore:Johns Hopkins Press 1967,p9.

目 录

绪　论

一、研究缘起

(一)经略海洋的文化尺度

习近平总书记在 2013 年"730"会议上提出"经略海洋"的核心概念,第一次明确"把海洋定位于强国之路"。他指出:"实现中华民族伟大复兴,要进一步关心海洋、认识海洋、经略海洋,推动我国海洋强国建设不断取得新成就。"经略海洋正是在关心海洋、认识海洋的基础上发展深化的产物,它不仅是中国人民建设海洋强国的历史使命,也是人类社会的世纪命题。

海洋自古以来与人类的生存息息相关。从空间面积来看,海洋约占地球表面积的 71%,人类社会就存在于这样大大小小的"岛屿"之上;从人口分布来看,世界人口的约 40% 居住在 100 千米宽度的沿海地带,即"海岸带"上。人类依海而居,参与各种缘海性的生产与生活,在认识海洋的过程中萌生和发展起独特的海洋文化。不同的海洋文化范式决定了国家经略海洋的不同效度,也成为评价海洋国家综合实力的一个尺度。

黑格尔在《历史哲学》中有过这样一段表述:"人类在大海的无限里感到他自己的无限的时候,他们就被激起了勇气,要去超越那有限的一切。"①在人类征服海洋的进程中,逐渐形塑了独特的海洋文化。何谓"海洋文化"?曲金良认为:"海洋文化,作为人类文化的一个重要构成部分和体系,就是人类认识、开发、利用海洋,调整人与海洋的关系,在开发利用海洋的社会实践过程中形成的精神成果和物质成果的总和,具体表现为人类对海洋的认识、观念、思想、意识、心态,以及由此而生成的生产方式,包括经济结构、法规制度、衣食住行习俗和语言文学艺术等形态。"②杨国桢认为,广义的海洋文化有物质文化、制度文化、精神文化三个层面,仅从精神文化层面看,

---

① 〔德〕黑格尔《历史哲学》,王造时译,三联出版社 1956 年版,第 135 页。
② 曲金良《发展海洋事业与加强海洋文化研究》,《青岛海洋大学学报》(社会科学版)1997 年第 2 期。

大致有以下三个主要因素:海洋价值观、海洋思维方式和海洋品格。① 以上观点从认识论层面揭示出海洋文化形成的基本要素。

从实践层面来看,几个世纪以来世界沿海国家在走向海洋强国的航路上,经过几百年的探索奋斗,积累了许多经验和教训,值得我们在建设海洋强国的历史进程中加以借鉴。世界近现代史上,风云突起、各领风骚的世界强国,如荷兰、西班牙、英国、俄罗斯、美国等,其经济腾飞、文化复兴的辉煌历史,无不得益于各国崛起时期航海技术的进步和国家对海洋事业的高度重视。在这些世界大国缘海而兴的过程中,逐渐形成了各具特色的海洋文化模式。这些海洋文化风格和现象随全球化交流传播到世界各地,促使世界政治格局、军事格局、经济格局与文化、科技、外交等发生国际性或区域性的重大变化,从而推动了人类高度发展现代文明的历史进程。

21世纪是海洋世纪,这不仅是联合国缔约国在世纪之初的约定,也成为全球发展语境下的世界共识。② 重视海洋,既是一个机遇,也是一个挑战。世界近代史的经验证明,大国的崛起、民族的强盛和国家的繁荣与海洋密切相关。尽管发展

① 杨国桢《瀛海方程——中国海洋发展理论和历史文化》,海洋出版社2008年版。

② 曲金良《中国海洋文化发展报告(2013年卷)》,社会科学文献出版社2014年版,第66页。

模式各有不同,但走向海洋是世界强国的共同国家战略。在大国兴衰的激烈竞争背后,实质上是各国海洋文化模式的竞争。不同的海洋思维、海洋意识、海洋观念等海洋文化因素,决定着竞争的格局和态势,亦决定着竞争的成败。

面对日益激烈的全球海洋竞争态势,许多沿海国家雄心勃勃,谋划如何扮演海洋世纪中的强国角色。哈佛大学教授约瑟夫·奈在研究冷战以来的国际地缘政治后预言,21世纪世界大国布局必将是"国家间以军事、经济、科技为主要内容的硬实力竞争之外,寻找比硬实力更高层次的、更有效的分析工具与路径"。"软实力"概念的提出①,拓展了我们研究海洋文化的理论视角。

因此,基于海洋文化研究的基础理论体系,透过"软实力"尺度的视角,全面系统地考察西方海洋强国兴衰历程中以海洋军事、海洋政治、海洋经济所构成的海洋硬实力,是如何通过海洋意识观念、海洋宗教伦理、海洋外交策略、海洋文学艺术、海洋价值理想等海洋文化软实力的经营,因应互动建构起海洋强国的文化发展模式,以此得出的经验得失将为我国实现和平海洋强国建设发挥"他山之石"的参考借鉴作用。

---

① 约瑟夫·奈1990年发表《变化中的世界力量的本质》和《软实力》等一系列论文,首次明确提出了"Soft Power"的概念。"Soft Power"概念诞生后,国内学界围绕这个词语,长期存在着"软实力""软力量""软权力""软国力"等不同中文译法,这些译法之间并没有明确的区别。

(二)西班牙帝国的研究意义

在近代欧洲国家的竞争和扩张中,居于伊比利亚半岛的西班牙得风气之先。15世纪末的地理大发现给人类带来一个重新认识世界的契机。哥伦布发现新大陆,使西班牙在大航海时代独占先机,海外扩张势不可挡。西班牙借助海外殖民扩张,掠夺攫取美洲的贵金属以积累财富,并通过王朝联姻来巩固政治势力,从而建立起控制欧洲大部分领地的王朝联合体。当欧洲尚处于群雄割据状态之时,西班牙最先作为强大帝国而崛起,其势力范围曾一直延伸至意大利、葡萄牙,加之在美洲、亚洲和非洲的殖民地,西班牙成为第一个"日不落"帝国。

西班牙帝国存亡的历史节点一般是指1469～1659年。通常把阿拉贡王国与卡斯蒂利亚王国联姻的1469年视为帝国的开始,这一年西班牙实现国家统一;至1659年,西班牙与法国签署《比利牛斯条约》,从此丧失欧洲权力斗争的控制地位,标志着帝国的衰亡。[①] 西班牙帝国的崛起与扩张,具有西方海洋文化的鲜明特质。我们以往大多关注其凭借"无敌舰

---

① 学界亦有一种看法:(参见 Woosang Kim, Power Transitions and Great Power War from Westphalia to Waterloo in World Politics, Vol.45, Vo.1.Oct.,1992, p160)将西班牙的衰落时限界定到1808年,即西班牙国王费尔南多七世被迫退位,法国以欺骗方法取得西班牙统治权。事实上,在欧洲"三十年战争"(1618—1648)结束后,西班牙已丧失欧洲霸主地位并逐渐退出强国之列,很难将其视为一个真正意义上的大国。

队"而建构的制海权,以及在远洋贸易和海外殖民中积聚的财富,而忽视了它是如何通过文化经营而得以实现帝国统治的。

"一切历史都是当代史",这是意大利著名史学家克罗齐提出的命题。诚然,作为一次性的、不可重复的历史场景,已然消失在过往的时空之中,但它同时又不是僵死、消亡的,而是以其影响不断介入我们的现实生活当中。而我们通过史料证据不断回溯过去的这种尝试,正是基于当下的思想语境尝试重建过去的一种努力。综观西班牙帝国三个世纪的兴衰历程,我们不难发现这样一个现象:西班牙帝国政治、军事、经济崛起的历史进程中,文化先行策略作为其国家意志的载体,发挥着举足轻重的作用。一方面,海洋军事、海洋政治、海洋经济构成了西班牙帝国海洋文化的物质部分,并通过海上探险、海外拓殖等显性形式展现出来;另一方面,海洋意识观念、海洋宗教伦理、海洋外交策略、海洋文学艺术、海洋价值思想构成了西班牙帝国海洋文化的精神部分,在隐性层面潜移默化地体现了国家意志,实现了价值引导和价值认同的教化功能。

具体来说,西班牙帝国崛起上升阶段,显性层面的海上探险、海洋拓殖的政治、军事行为构成了海洋文化的物质组成部分,而隐性层面则表现为两个向度的价值引导和价值认同,即以语言为载体面向殖民地实施"命名",以文学为载体面向国内构建"帝国想象",这使海外拓殖凝聚成为帝国各阶层的普遍价值认同,这种文化先行的经营策略构成了西班牙帝国海洋文化的精神部分。16世纪西班牙帝国进入繁盛时期,凭借美洲墨西哥湾的制海权以及东南亚的大三角贸易,西班牙的海洋贸易、海洋经济成为这一时期海洋物质文化的显性体现,同时帝国不断对欧洲其他国家实施军事征服,拓展帝国疆土版图,而在海洋文化的精神部分则深刻体现了上述国家行为的内在影响,即以空间同化策略加强宗主国与殖民地之间的一体化管理,规划兴建大型城市,以城市中心矩形广场等空间符号建立秩序和权威,达到巩固王权、天下一统的空间规训功能。及至帝国由盛转衰的历史时期,显性层面突出的是西班牙帝国对美洲殖民地的强势外交和对中国外交的"适应"政策,海洋外交策略上表现出来的这种刚柔并重的变通性,也能反映出经过两个多世纪海洋文化经营的西班牙人,已经在思想观念上形成了较为系统的"西班牙式"的世界意识,即具有多元融通特征的海洋思想价值体系。回溯历史,西班牙帝国及其海洋扩张的硬实力早已成为过眼烟云,但西班牙人海洋文化软实力的影响并没有因帝国的消亡而消失,流播久远依然不容忽视。

　　我们将西班牙帝国兴衰300年的历史,视为一个闭环的案例,吸取它正反两方面的经验教训,可为中国实现和平海洋强国的国家战略提供可资借鉴的参考。以人道、人性、和平、正义的文明立场来看,近代西班牙通过海洋扩张、殖民所打造的帝国之路是不可取的。但无论其兴其亡,文化因素、文化经营在其兴衰历程中所起到的作用,毕竟是值得关注、解剖和解读的。在我们实现和平海洋的强国之路上,应当充分发挥文化软实力的经营之功,因应"海洋强国"战略打造我国海洋发展的综合实力。

二、学术史回顾

(一)海洋文化研究之回顾

1. 国内学界海洋文化研究

(1)命名阶段:海洋文化的概念内涵之界定

从最广泛的意义上讲,文化包括人类一切的物质创造和精神创造,从狭义上说,文化是人类社会的意识形态以及与之相适应的社会制度、组织机构和生活状态,是人类的知识、智慧、科学、艺术、思想、观念等的物化形态。海洋文化,作为人类文化的一个重要的构成部分和体系,涵盖着人类一切与海洋有关的创造。

国内学界尝试定义"海洋文化"的过程本身,映射出海洋文化学科发展的脉络。学界最早将"海洋文化"作为一种文化的大类或模式提出,并与"内陆文化"分野,始于20世纪80年代的《河殇》。作者基于黑格尔《历史哲学》中的理论基调,高度评价西方人善于航海,因而其文化是开放的、自由的,同时贬斥中国虽然靠海却与海洋文化无缘,将西方文化概括为"海洋文化"，将中国文化概括为内陆文化、农耕文化，将"海洋文化"视为先天性先进，将"内陆文化"即"农耕文化"视为先天性落后，对中国文化进行了"原罪"性的讨伐，在当时以"解放思想"为名、否定中国文化为实的思潮下，引起一片轰动，但其基本立场、观点俨然在为西方"海洋国家论"背书。

20世纪90年代末，海洋文化研究兴起阶段形成了这样一些比较具有代表性的观点。张开城认为："海洋文化是人海互动及其产物，是人类的涉海活动以及在这一活动中创造的物质财富和精神财富的总和，具体表现为海洋物质文化、海洋行为文化、海洋制度文化和海洋精神文化。"[1]他强调"人"和"海"是海洋文化的两个基本构成要素。海洋文化的产生，不仅萌生于人与海的关联互动，也表现在人类涉海生产和实践的方式；既是海洋的"人化"，也是海洋作为客体，使"人的本质力量对象化"，以及经由这种"对象性"关系中客体主体化的向度，使得人海互动关系中的认识层面、实践层面、价值层面及审美层面的关系得以全面展示。

林彦举指出："海洋文化，顾名思义，一是海洋，二是文化，三是海洋与文化结合……凡是滨海的地域，海陆相交，长期生活在这里的劳动人民、知识分子，一代又一代通过生产实践、科学试验和内外往来，利用海洋创造了社会物质财富，同时也

---

[1]　张开城《海洋文化及其价值》，《中国海洋报》2008年4月11日。

创造了与海洋密切相关的精神文明、文化艺术、科学技术,并逐步综合形成了独特的海洋文化。"①

曲金良在《海洋文化概论》一书中进一步将"海洋文化"概括为:"海洋文化就是缘于海洋而生成的文化,也即人类对海洋本身的认识、利用和因有海洋而创造的精神的、行为的、社会的和物质的文明生活内涵。"②作为我国学界第一次系统地对海洋文化的概念、内涵、特征、分类、面貌、功能做出全面概括、阐述的专著,《海洋文化概论》奠定了我国海洋文化学的基本理论体系。后来人们对"海洋文化"的定义和表述,大多是在他的定义和表述的基础上衍生出来的,更多是作为常识直接运用。

在定义"海洋文化"的过程中,海洋文化的特性得以渐次明晰。就其内质结构而言具有涉海性;就海洋文化的运作机制而言,具有对外辐射与交流性,亦即异域异质文化之间的跨海联动性和互动性;就海洋文化的价值取向而言,具有商业性和慕利性;就海洋文化的历史形态而言,具有开放性和拓展性;就海洋文化的社会机制而言,具有民主性和法治性;就海洋文化的哲学与审美蕴涵而言,具有生命的本然性和壮美性。

---

① 林彦举《开拓海洋文化研究的思考》,《岭峤春秋——海洋文化论集》,广东人民出版社1997年版,第43页。

② 曲金良《海洋文化概论》,青岛海洋大学出版社1999年版,第7页。

（2）海洋文化研究的奠基阶段

20世纪90年代初,《中国海洋报》副刊开辟了"海洋文化"专栏,为各界学者探讨"海洋文化"提供了阵地。此后涌现出一批专治海洋文化的研究机构和研究团队,一系列具有学术奠基意义的专著相继问世。

1995年,中国科学院自然科学史研究所的宋正海所著《东方蓝色文化——中国海洋文化传统》由广东教育出版社出版。这是我国学界的第一部海洋文化专著。但在当时,"海洋文化"尚未受到学界重视,学科交叉研究尚未蔚然成风。

1995年6月,广东炎黄文化研究会首次"海洋文化笔会"在珠海市举行,不少学者试图概括定义"海洋文化",论说海洋文化的建设发展问题,《岭峤春秋——海洋文化论集》系列陆续出版。

1996年,中国海洋大学曲金良教授提出研究海洋文化,建立海洋文化学科,并创办了全国第一个海洋文化学术研究和人才培养机构——海洋文化研究所。20世纪90年代末,曲金良率先在《青岛海洋大学学报》(社会科学版)开办"海洋文化研究"专栏。

多年来,中国海洋大学海洋文化研究所(原青岛海洋大学海洋文化研究所)、广东海洋大学海洋文化研究所(原湛江海洋大学海洋文化研究所)、浙江海洋大学中国海洋文化研究中心(原浙江海洋学院中国海洋文化研究中心)、上海海事大学海洋文化研究所长期加强学术交流与合作,在推动我国的海洋文化研究方面做出了大量工作。

（3）海洋文化研究的发展阶段

进入 21 世纪,中国海洋文化研究主要涉及海洋文化与大陆文化比较研究、中西海洋文化比较研究等,在海洋文化基础理论和海洋专门史研究领域成果卓著。

张开城在《海洋文化与中华文明》一书中指出,地理环境的差异决定了生产方式的不同,用以形成文化核心部分的价值观,也就随之出现差别。由此可知,海洋国家较之陆地国家,游牧民族之于农耕民族,其文化面貌必定存在差异。著作驳斥了大陆文化和海洋文化是性质不同的两种文化的观点,抨击了那种认为二者属于人类社会发展的两个不同时期,即人类先是经历陆地文化、农耕文化阶段,然后再发展到海洋文化阶段的看法。作者明确指出,不能简单地将西方文化定性为海洋文化,将中国文化定性为陆地文化。

宋正海所著《东方蓝色文化——中国海洋文化传统》一书,展示了中国海洋文化的"大系",内容包括以贝丘和贝丘人为代表的久远海洋文化生发(新石器时期)、海洋生物资源的利用、海洋水资源的利用、海洋航运、海洋政策、海洋军事文化、海洋艺术、海洋宗教与民间信仰文化、海洋旅游与风俗习惯、海洋哲学等各个方面。

李明吞、徐志良的《海洋龙脉——中国海洋文化纵览》一书肯定了"有中国海就有中国的海洋文化"这一论述,并从中国远古的海洋文化、古人的海上活动与历史印迹、海洋文明的文化传承、中国古代海洋文学艺术、中国海洋文化区域、民俗文化中的海洋印记、海洋文化代表人物记略、当代海洋精神文化的发展八部分列述了洋洋大观的中国海洋文化。

2003年,曲金良出版专著《海洋文化与社会》(中国海洋大学出版社),运用社会学研究方法构建海洋文化学的学科体系,对海洋文化区域特征展开研究。2009年,他出版《中国海洋文化观的重建》(中国社会科学出版社),该书系统阐述了我国当代社会海洋文化观的现状,深入分析了这些现状产生的历史背景和现实因素,指出了中国社会海洋文化观创新与重建的必要性和必然性,进而提出并论证了中国社会海洋文化观创新与重建的基本内涵与基本体系,理论与实证结合,阐述了中国海洋文化本位观、中国海洋文化历史观、中国海洋文化社会观和中国海洋文化发展观重建的具体内涵,并对中国社会海洋文化观重建的保障体系及对策措施进行了建设性思考。2012年由曲金良主持的国家哲学社会科学重大项目"中国海洋文化理论体系研究"正式启动,联合国内长期研究海洋文化的专家学者,启动四个子课题,从中国海洋文化学科理论研究、海洋文化本体理论研究、中国海洋文化价值理论研究、中国海洋文化发展理论研究四个方面全面展开。2014年曲金良出版《中国海洋文化基础理论研究》(海洋出版社),该书针对当今时代世界海洋发展的形势和国家海洋发展战略对中国海洋文化发展提出的战略需求,系统全面地研究阐释出世界海洋文化坐标体系中的"中国海洋文化",厘清其基本内涵、特点特性、历史积淀、价值和功能、发展现状和关键性问题,为中国海洋文化研究建构了一个理论分析框架。

国内学界对海洋文化的把握和研究起于"蓝黄之争",40年间始终坚守中国立场,不辍追求建构海洋文化学科的基础理论体系和经国安邦的蓝色策略。其中虽有基于比较角度的研究,但多为观点之辨,尤其在国别化海洋文化研究方面尚有留白之地。

2. 国外学界海洋文化研究

较之国内学界在海洋文化学科的总体研究,国外学界更侧重区域化、国别化的海洋文化研究。15～17世纪的地中海文化一直是人文学科研究的热点。

关于大航海时代西班牙帝国的研究中,《菲利普二世时代的地中海和地中海世界》堪称史学著作中最有影响的一部。这部著作是法国年鉴学派代表人物费尔南·布罗代尔1949年出版的。布罗代尔把16世纪西班牙国王菲利普二世在位时期的地中海世界,作为一个密切相联的整体加以考察,构建了时段理论的论述框架,广泛运用了多学科的综合研究方法,将历史学、地理学的研究方法与社会学、政治学加之民族学、经济学的方法融会贯通,从地理、社会、经济、政治、思想诸因素入手,以前所未有的多维视角展现了16世纪地中海地区的历史全貌。布罗代尔将地中海历史置于"总体史"的框架之中加以审视。他认为,总体史能够表现历史的不同层次,每一个层次并非独立存在,而是相互重叠,彼此关联,共同书写总体历史。与西方传统史学观不同,布罗代尔采用时间角度对历史结构加以分析,他提出,存在"地理时间、社会时间和个体时间"三种不同的历史时间。所谓地理时间,是指那些在历史进程中演变缓慢的历史事物,如自然地理环境等;社会时间是针对那些较之地理时间变化明显、但又相对稳定的历史事物,如经济制度、政治事态等;个体时间则是就那些变化频繁的历史事物而言,如政治或军事事件等。布罗代尔在这部"世界史学中划时代的杰作"中表达的历史观点,在史学界和社会科学界引起强烈反响。

德国学者施密特的《陆地与海洋》包括了他的三篇围绕"陆地与海洋"概念论述近代欧洲发展及当时时局的文章。前两篇《陆地与海洋》以及《国家主权与自由的海洋》内容上比较接近,主要是通过陆地与海权之争的视角重新解释了 16~20 世纪"国家时代"的世界历史(欧洲历史)。在施密特看来,随着欧洲国家对新大陆及世界诸大洋的争夺,陆地与海洋这两种元素对于人类政治生存的影响在历史上达到前所未有的深度。其中,法国通过发现和贯彻一种主权国家的空间秩序观念选择了陆地,而英国则是通过海盗行动、对自由贸易的追求选择了海洋,最终成就海洋霸权。英国赢得海上霸权是人选择了海洋性存在这一历史决断的具体表现,这一决定影响了世界进程。在施密特笔下,陆地与海洋的对抗实际上是两种不同的"法"的对抗。"法"不是我们日常讨论的法律或者说实证法,而是在根本意义上决定国家"整体立场"的一种秩序结构及观念框架。在16~17世纪的特定历史时刻,选择海洋的英国建立起新"法",而法国等国家依然固守大陆意象的"法",陆地秩序由此屈服于海洋秩序。

2005~2011年间,英国历史学家罗杰·克劳利①出版了他的"地中海史诗三部曲",分别是《1453:君士坦丁堡之战》《海洋帝国:地中海大决战》和《财富之城:威尼斯海洋霸权》。这三本著作各有侧重,却互有关联,借由松散的三部曲结构,描摹了地中海及其周边地区四个世纪之间的历史。"地中海史诗三部曲"着笔于1200~1600年的宗教纷争、贸易控制、文明冲突、帝国更迭,这一切都凭借细节化的第一手资料和全景化的写作手法得到充分展现。在克劳利的地中海世界里,寻找西班牙帝国兴衰史的线索,犹如珠贝在目,熠熠生辉。

(二)西班牙帝国研究之回顾

1. 国内学界的西班牙帝国研究

长期以来国内学界一直存在着西班牙研究的整体缺位。

---

① 英国历史学家罗杰·克劳利(Roger Crowley,1951—)毕业于剑桥大学,久居伊斯坦布尔,钟情于土耳其文化,十余年时间广泛游历地中海世界,完成"地中海史诗三部曲"的写作。

2007年,西班牙通过成功推行"西班牙文化年""塞万提斯学院"等一系列海外文化交流活动,再次凭借"文化先行"策略在全球化语境下占得先机,"西班牙文化热"催生了海内外西班牙研究的学术"共振"。但较之国外学界较为丰硕的研究成果,我们仍亟须改变因已有基础薄弱、语言障碍等原因而缺环的西班牙研究这一板块。

近年来,海洋强国的使命意识促使国内学界重新审视世界海洋强国的兴衰历史。图书出版和宣传媒介合力为之,不断推出系列著作,如国内学者杨金森著有《海洋强国兴衰史略》、宋宜昌著有《大洋角逐》和《决战海洋——帝国是怎样炼成的》、张文木著有《中国新世纪安全战略》、张维为著有《中国震撼:一个"文明型国家"的崛起》,还有倪乐雄著有《文明的转型与中国海权:从陆权走向海权的历史必然》、张炜著有《大国之道:船舰与海权》以及中央电视台出版的《大国崛起》等;国内学者同时还大力译介海外学者的最新力作,如塞缪尔·亨廷顿所著《文明的冲突与世界秩序的重建》①、保罗·肯尼迪所著《大国的兴衰》②、约翰·奈斯比特所著《世界大趋势:正

---

① 〔美〕塞缪尔·亨廷顿《文明的冲突与世界秩序的重建》(修订版),周琪、刘绯、张立平等译,新华出版社2010年版。
② 〔美〕保罗·肯尼迪《大国的兴衰》,陈景彪、王保存、王章辉等译,国际文化出版公司2006年版。

确观察世界的 11 个思维模式》①、马丁·雅克所著《当中国统治世界：中国的崛起和西方世界的衰落》②和戴维·S·梅森所著《美国世纪的终结》③等，这一系列译介推广的举措产生了较大的社会反响，构建了大国崛起的时代语境，在此背景下，西班牙帝国研究也逐渐受到学界的关注。

2. 国外学界的西班牙帝国研究

国外学者关于地理大发现前后西班牙历史的研究，通史性质的著述比较多，其中，以爱略特（J. H. Elliot）为代表，他在西班牙历史研究方面素以多产而闻名，著有《西班牙帝国，1469—1716》（*Imperial Spain，1469—1716*）、《旧世界和新世界，1492—1650》（*The Old World and the New，1492—1650*）和《西班牙和它的世界，1500—1700：论文选集》（*Spain and Its World，1500—1700：Selected Essays*）等多部西班牙通史性质的著述。关注西班牙自发现新大陆后社会生活变化的研究成果相对较少，美国经济历史学家厄尔·汉密尔顿（Earl J. Hamilton）著有《美洲财富和西班牙物价革命，1501—1650》（*El Tesoro Americano y la Revolución de los Precios en*

---

① 〔美〕约翰·奈斯比特《世界大趋势：正确观察世界的 11 个思维模式》，魏平译，中信出版社 2010 年版。

② 〔英〕马丁·雅克《当中国统治世界：中国的崛起和西方世界的衰落》，张莉译，中信出版社 2010 年版。

③ 〔美〕戴维·S·梅森《美国世纪的终结》，倪乐雄、孙运峰译，上海辞书出版社 2009 年版。

Españā，1501—1650），从经济学角度探讨了美洲大陆贵金属流入对西班牙帝国经济生活所产生的影响。

西班牙帝国研究近年来呈上升趋势。在西班牙帝国研究方面成果卓著的是亨利·卡门①，出版有《西班牙的继位战争》《西班牙的菲利普》《西班牙的探索：一部重版的历史》《黄金时代的西班牙》等多部关于西班牙历史的著作。《帝国：西班牙是怎样成为一个世界大国的》是亨利·卡门多年研究西班牙历史的结晶，也是他基于当今全球化浪潮的大背景对帝国历史的前期研究成果深思熟虑后的心血之作。卡门称写作此书的目的在于"回答一些与西班牙兴起并成为世界力量有关的问题"，他在著作中对传统的西班牙帝国研究提出了挑战。著作论述的一个基点是西班牙帝国的建立和扩张并非如同罗马帝国一样，是凭借军事征服来实现的，它的建立是依赖于母国精英和强大的地方精英、贸易商和当地人民之间跨国的合作。在卡门看来，西班牙帝国的统治者是通过王朝的继承统一了许多土地，他这样说并不是否认西班牙帝国兴起的重要性，而是强调帝国是合作的结果而非征服的结果。根据西班牙帝国的发展历程，卡门为"帝国"提出了一个比较新颖的定义，即"帝国是一种跨国家的组织，其目的在于要使不仅内部地区还有外部地区的资源进行流动，无论其本源为何，帝国的存在和统一取决于它们所能建立的广泛的关系网络"。卡门对于帝国的全新定义显然基于全球化的角度,他强调帝国自身作为一种独立、特定的架构而存在,西班牙在15～17世纪的社会形态则产生于帝国这一特定架构的自然进程之中。

亚历山大·莫特在《帝国的终结——帝国的削弱、崩溃和复兴》中尝试为帝国提出一个结构理论模型。在进行了一定的实证考察之后,莫特运用这个模型考察了包括西班牙帝国在内的五个近现代帝国,从帝国结构、动力和维系的因素入手,对导致帝国削弱、解体的原因加以阐释,并尝试总结解体的帝国能够复兴的规律。

安·麦克林托克出版《帝国皮革》,该书对帝国历史中的跨国广告和商品,如照明灯、镜子、肥皂、白色制服、地球仪和皮鞋等,进行了一系列的细致解读,发掘出其中的性别、种族、阶级、宗教、历史乃至贸易保护和爱国主义等各种不同的帝国文化表征。

在文学领域也有不少学者著书立说,直接或间接地丰富了西班牙帝国研究。萨尔瓦多·德·马达里亚加(Salvador de Madariaga,1886—1978)1940年由布宜诺斯艾利斯南美出版社出版了作品《哥伦布传》。马达里亚加长年旅居海外,做过英国《泰晤士报》记者、国际联盟秘书处高级职员、英国牛津大学西班牙语首席教授,西班牙第二共和国时期先后出任过西班牙驻美国和法国的大使，还曾在西班牙国内担任过教育部长和司法部长，内战爆发后移居伦敦。这样一位阅历丰富、身份复杂的西班牙人，熟谙15世纪末、16世纪初西班牙编年史家和学者的著作，他甄选哥伦布留下的众多文件，为这位大航海时代的传奇人物做传。这部传记自出版之日起在全世界一直畅销不衰，2005年再版时西班牙皇家历史科学院院士胡里奥·瓦尔德隆·巴鲁克教授专门撰写序言向作者致敬。

英国学者高登·凯德（A. Gordon Kinder）在《剑桥西班牙文学史》中梳理了9世纪以来西班牙文化发展的历史脉络，在西方学界影响较大。作者在这部著作梳理了中世纪以降西班牙文学的流变，不仅可以从中辨析西班牙帝国时期国家海洋意识的形成以及海洋观的嬗变，亦可对这一时期海洋文学艺术产品的输出方式做出管窥之探。

美国学者杰克·戈德斯通（Jack Goldstone）著有《为什么是欧洲：世界史视角下的西方崛起（1500—1850）》，为研究近代以降的欧洲文明，尤其是西方世界的第一个"海洋帝国"西班牙，提出了富有创见的视角。西班牙学者雷孟笃（José Ramón Álvarez）近十年来围绕"西班牙汉学研究"发表了一系列文章，为研究16～17世纪西班牙传教士在华活动提供了新范例。

综上所述，国外学者对大航海时代地中海世界的研究颇多立论，对15～17世纪西班牙的历史、地理、文化、文学等亦有系统著述,但还缺少对西班牙帝国时期海洋文化发展演进的专门性研究。

三、研究思路、方法与创新之处

(一)研究思路与架构

本书主要针对如何综合发展海洋文化实力的核心问题,运用管理学质性研究的扎根法,通过全面解析世界海洋强国序列中最先崛起的西班牙帝国三个世纪的兴衰历程,揭示出其以海洋军事、海洋政治、海洋经济所构成的海洋硬实力,是如何通过其海洋意识观念、海洋宗教伦理、海洋外交策略、海洋文学艺术、海洋价值理想等海洋文化软实力的经营而实现的。

15世纪是西方国家近代化历程中的重要阶段,其深远的影响力一直贯穿至今。伴随着殖民与开拓、贸易与掠夺,崛起与争霸,西班牙率先拉开了大国之旅的序幕,由此展开了世界范围内的政治、经济和军事的漫长角力。回溯历史,我们不禁要问:大国之争缘何始于海上霸权? 征服并控制海洋是决定大国兴起的关键性因素吗? 每论及此,人们往往津津乐道于西班牙如何凭借"无敌舰队"建构其制海权,以及如何通过海上贸易和海外殖民积聚大量财富。试问,从地中海到太平洋,海洋之于西班牙帝国而言,仅仅具有空间战略意义吗? 在西班牙帝国孔武有力的探险、扩张和殖民的表象之下,是否还隐藏着另一条隐性的线索,使其国家意志在人民内部合理化?

在掠夺财富和创造文化产品之间,在传播宗教与文化殖民之间,如何平衡和"适应"? 笔者驻留西班牙访学期间,在查阅文献资料、与学者对话的过程中,答案似乎渐渐浮出水面。

综观西班牙帝国三个世纪的兴衰历程,我们不难发现这样一个现象:西班牙帝国政治、军事、经济崛起的历史进程中,文化先行策略作为其国家意志的载体,发挥着举足轻重的作用。一方面,海洋军事、海洋政治、海洋经济构成了西班牙帝国海洋文化的物质部分,并通过海上探险、海外拓殖等显性形式展现出来;另一方面,海洋意识观念、海洋宗教伦理、海洋外交策略、海洋文学艺术、海洋价值思想构成了西班牙帝国海洋文化的精神部分,在隐性层面潜移默化地体现了国家意志,实现了价值引导和价值认同的教化功能。

具体来说,西班牙帝国崛起上升阶段,显性层面的海上探险、海外拓殖的政治、军事行为构成了海洋文化的物质组成部分,而隐性层面则表现为两个向度的价值引导和价值认同,即以语言为载体面向殖民地实施"命名",以文学为载体面向国内构建"帝国想象",这使海外拓殖凝聚成为帝国各阶层的普遍价值认同,这种文化先行的经营策略构成了西班牙帝国海洋文化的精神部分。16世纪西班牙帝国进入繁盛时期,凭借美洲墨西哥湾的制海权以及东南亚的大三角贸易,西班牙的海洋贸易、海洋经济成为这一时期海洋物质文化的显性体现,同时帝国不断对欧洲其他国家实施军事征服,拓展帝国疆土版图,而在海洋文化的精神部分则深刻体现了上述国家行为的内在影响,即以空间同化策略加强宗主国与殖民地之间的一体化管理,规划兴建大型城市,以城市中心矩形广场等空间符号建立秩序和权威,达到巩固王权、天下一统的空间规训功能。及至帝国由盛转衰的历史时期,显性层面突出的是西班牙帝国对美洲殖民地的强势外交和对中国外交的"适应"政策,海洋外交策略上表现出来的这种刚柔并重的变通性,也能反映出经过两个多世纪海洋文化经营的西班牙人,已经在思想观念上形成了较为系统的"西班牙式"的世界意识,即具有多元融通特征的海洋思想价值体系。回溯历史,西班牙帝国及其海洋扩张的硬实力早已成为过眼烟云,但西班牙人海洋文化软实力的影响并没有因帝国的消亡而消失,流播久远,依然不容忽视。

总之,本书的写作尝试解决一个问题,即一个西方海洋帝国的兴起需要什么样的条件,什么样的文化经营策略才能与之适应、促其发展,如何通过打造海洋文化软实力,使其与海洋文化硬实力因应互动,在国家发展进程中发挥积极的推动作用。

(二)研究方法与创新之处

1. 交叉研究法

运用多学科的理论、方法和成果从整体上对课题进行综合研究,也被称为交叉研究法。本书的展开,将不是一段仅仅停留在史料基础上的历史还原,笔者将尝试结合历史研究、新文化史研究和管理学研究等相关学科的多维视角和研究方法,将大航海时代的西班牙帝国视作一个完整案例的"化石",较为完整地勾勒出 15～17 世纪西班牙帝国独特的海洋文化经营样貌,揭示出前产业化时代海洋文化经营的内在文化机理,为我国实施建设"海洋强国"战略提供可资借鉴参考的经验。

2. 文献研究

文献研究是本书的重要研究手段。爬梳、阅读大量文献的过程,有助于全面了解既有的研究成果,便于全方位、多层次地分析研究对象。本书所涉及的文献资料包括大量西班牙本土馆藏文件、政府档案、历史图片、文学作品、游记以及相关著作、论文、报纸刊物等。在写作的过程中,通过爬梳以上诸类文献资料,反复论证,力求客观,以期更为全面系统地呈现西班牙帝国时期海洋文化兴起发展的独特风貌。

3. 比较研究

运用比较研究,通过表面现象,发掘内在本质,是本书写作的方法之一。研究他者成败,实为修炼内功;换言之,本书的比较研究是基于内嵌视角,即中国立场而言,对西班牙帝国时期海洋文化经营策略的研究,最终目的在于为当下中国海洋强国战略提供参照物,由此可据中国国情和海洋文化发展的现状加以提炼、吸收和借鉴,形成具有中国特色的大国文化管理模式。

第一章　西班牙海洋帝国崛起的基础、条件与动力

　　上帝关怀并尊重世界上的每块地方和每个角落；但是，在所有土地中，它最偏爱的是西班牙这块西方土地；它给这块土地带来了人们所渴望的一切东西。①

——J. L. 阿尔伯格

---

　　① J. L. Alborg：*Historia de la literatura Española*，Madrid，Gredos，1975，p83.

第一节 政治、宗教与中央集权国家的形成

西班牙中央集权国家的形成为地理大发现提供了政治前提,伴随着科学技术的发展、地理学知识以及航海技术的提升,进一步催化了新兴国家对黄金的渴望,使西班牙有了足够的资本与动力实行海外扩张。

一、基督教传统:政教合一

西班牙是一个有着悠久和深厚的基督教传统的国家。

基督教何时传入西班牙,至今尚无定论。之所以如此,一方面是因为在基督教初兴的两三个世纪,它一般处于秘密或半秘密的传播状态,所以缺少相关资料来说明基督教早期在西班牙活动的概况;另一方面,早期的基督教信徒大多数是下层社会的芸芸众生,他们的文化程度较低,有关基督教传播运动的记载自然非常有限。根据一些历史传说来推断,基督教传入西班牙是在耶稣蒙难后的几十年间。基督教传入西班牙的路线首先是海路,经西班牙毗邻地中海的诸海港,逐渐向内地扩展。其次是在罗马人征服西班牙的过程中,沿着罗马人开辟的"大道",基督教作为一种新的思潮,随着商队渐渐地传向西班牙的内地。至 3 世纪末或 4 世纪初,西班牙相当部分地区都有了基督教社团,因而留下一些宗教建筑物的遗迹,如

图 1-1 所示。① 查阅 4 世纪留存下来的文献表明,基督教当时
在西班牙已显示出越来越强的生命力。②

图 1-1　今西班牙巴伦西亚附近的圣胡安·德·巴诺教堂

图片来源:秦海波《西班牙皇室:大国无疆》插页,中国青年出版社 2013
年版。

在 5 世纪蛮族向"罗马世界"大举进犯的年代,自 409 年
起,作为蛮族人的一支,西哥特人开始入侵西班牙。在其后的
两个世纪中,西哥特人以托莱多为中心建立了他们比较松散

---

①　圣胡安·德·巴诺教堂,高坛上的拱门上现存碑刻记载,国王雷克斯文
德于 361 年下令建造。

②　塞维利亚主教利安德著编年史著作《哥特人、苏维汇人和汪达尔人史》,
书中把哥特人及其历史置于罗马和圣经历史的更广阔的框架内,成为研究西班牙
中世纪早期社会的经典史著。

的统治体制。在西哥特人与西班牙原土著居民的融合过程中,西哥特人也接受了基督教信仰,所以西哥特人的入侵并没有造成西班牙基督教化的中断。至711年,业已建立起地跨亚欧非三大洲帝国的阿拉伯人,凭借伊斯兰帝国的实力越过直布罗陀海峡,直奔西班牙而来。在阿拉伯人的强势侵入下,除却毗邻法国的一小块国土,西班牙几乎丧失了整个伊比利亚半岛。自此,阿拉伯人形成了强大一时的"西班牙伊斯兰世界"[①]。

但信仰基督教的西班牙人并没有屈服于阿拉伯人的统治。他们在未被阿拉伯人征服的地区相继建立起一些小的信仰基督教的王国,并在反抗阿拉伯人统治的斗争中不断地融合,从而形成了"西班牙基督教世界"。西班牙人收复失地的历程漫长而艰辛,长达七个世纪之久,他们顽强地与盘踞在伊比利亚半岛的阿拉伯人抗争。在这漫长的斗争过程中,基督教逐渐成为西班牙人民精神领域的至高信仰,把基督教的十字架插遍阿拉伯人占据的土地,这一信念使西班牙光复失地的民族斗争进一步上升至"圣战"的高度。在这场旷日持久的"十字架"与"新月"的对峙中,王权的支持、骑士的宝剑成为宗教的护法。[②] 换言之,基督教精神王国的确立,必须以世俗的

① 〔英〕理查德·弗莱彻《西班牙史·中世纪早期(700—1250)》,潘诚译,中国出版集团东方出版中心2009年版,第63页。

② 张铠《西班牙的汉学研究(1552—2016)》,中国社会科学出版社2017年版,第5页。

王国为基础。因此，七个世纪的民族之战打磨出西班牙独特的政治结构：信奉基督教的僧侣、国王及贵族骑士分别代表着神权、王权以及宗法特权，三者紧密结合在一起，形成"三位一体"的政治结构。

这场民族战争在 1492 年迎来最后的胜利。在被尊称为"天主教双王"①的西班牙女王伊莎贝尔一世（Isabel Ⅰ，1451—1504）和国王费尔南多二世（Fernando Ⅱ，1452—1516）这对伉俪的领导下，西班牙人民终于将阿拉伯人驱逐出伊比利亚半岛，完成了收复失地的斗争。胜利的喜悦之余，西班牙王室立即感受到新的威胁。放眼国内，依旧充满宗教狂热的教会僧侣，掠夺成性、不惮于冒险的骑士集团，这股强大的不安定势力若无新的征服目标加以化泄，极有可能酿成国内战乱，不利于新兴王权的稳固。西班牙王室很快找到了目标。彼时奥斯曼帝国掌控着连接欧亚大陆的枢纽地带，通向传说中拥有无尽财富的东方帝国中国的商路就被扼制在伊斯兰教徒手中。西班牙王室试图再度燃起西班牙人的宗教狂热，以夺回基督教"圣地"耶路撒冷为名，召集前文提及的狂热势力组成新的"十字军"，发动"新的圣战"。若新十字军攻下君士坦丁堡，西班牙帝国不仅可以称霸东西方世界，而且可以通过这条通往

———————————

① "天主教双王"（西班牙语 Los Reyes Católicos）这一头衔是由教皇亚历山大六世于 1496 年授予西班牙女王伊莎贝尔一世和国王费尔南多二世，以表彰他们夫妇在西班牙境内所做出的捍卫天主教信仰的努力。

中国的新商路,使东方的财富源源不断地流入西班牙。在这个意义上就不难理解西班牙王室支持哥伦布远航的初衷,伊莎贝尔女王期待哥伦布找到直达中国的航路,以促进同中国及其他东方国家的贸易互动,来筹集组建新十字军的军费开支。因此,国王签署了那封致中国"可汗"的"国书"交由哥伦布转达,这个细节进一步证实了哥伦布远航的目的地是中国。

1492 年,意为寻找中国的哥伦布发现了美洲新大陆。自此西班牙开始了殖民美洲的海外扩张。在海外拓殖的过程中,教会始终把征服事业置于王权的名义之下,使十字架与宝剑彼此呼应。教会深知,光复运动中的信条必须坚守,一个笃信基督教的精神王国必须以世俗王国为依托。因此教会规定,任何一个传教士不仅应信奉上帝,同时也应效忠于西班牙国王。传教士们的历史使命在于,不仅向没有受到福音之光感召的人们传播上帝的崇高与光荣,也要寻求西班牙的威严和强大。基督教也在利用西班牙帝国的威严和强大,来实现其伟大的事业。把精神王国与世俗王国结合在一起,建立"世界天主教王国",这也就是所谓的"西班牙主义"。[①] 对每个西班牙传教士来说,他们都应深沉而自觉地为实现这一目标而奋斗。政教合一的运行体制,为西班牙帝国这一中央集权国家的形成奠定了制度基础,在欧洲其他民族仍陷于征战割据

---

① 张铠《西班牙的汉学研究(1552—2016)》,中国社会科学出版社 2017 年版,第 6 页。

之时,西班牙帝国崛起的旗帜已经猎猎作响。

二、王权确立的前奏:阿尔丰索盛世

自卡斯蒂利亚国王阿尔丰索十世①执政时期直到 15 世纪末,西班牙在反抗阿拉伯人征服的民族进程里,不断充实着民族文学和文化的精神武库。西班牙人发现,若要克服摩尔人征服时期导致的文化失语,最佳的精神源泉无疑是复兴古希腊、罗马文化。这也是人类通常所谓的否定父辈、回到祖辈的做法。从这个意义上来说,西班牙也是欧洲文艺复兴运动的先驱。

编年史家记载南部城市塞尔维亚时的文字,透射出四海来风的气息。"除了我们已经描述的之外,塞维利亚还有许多高尚、杰出的特征。世界上没有哪个城市比它更舒适或美好。它是个轮船每天都从海上上溯到内河的城镇。轮船、狭长船和其他海船停泊在那里,带来世界各地的商品。来自四面八方的船只经常到达丹吉尔、休达、突尼斯、贝贾亚、亚历山大、热那亚、葡萄牙、英格兰、比萨、伦巴第、波尔多、巴约纳、西西里、加斯科尼、加泰罗尼亚、阿拉贡,甚至法国和其他可以从海

---

① 阿尔丰索十世(1221—1284),史称智者阿尔丰索,卡斯蒂利亚王国国王。他推动学术研究,自己也从事著述,在穆尔西亚、托莱多、塞维利亚等地建立学校,奖励研究阿拉伯学术和译经运动的学者。特别关心天文学的发展,在他主持下,整理出集天文、仪器知识之大成的《天文学著作集》,编有《阿尔丰索星表》。后者被译成拉丁文,后经多次修改,成为 16 世纪以前在欧洲使用的标准星表。

上到达的地方,包括基督教和摩尔人的领地。所以这样一个如此完美和富裕的城市,货物如此丰富,怎么可能不算是优秀,不值得褒奖?它的橄榄油通过海路和陆路,行销世界各地——在这里可以发现很多东西,详细叙述不免会有些单调乏味……"①

阿尔丰索十世于 1252 年即位,此后 32 年之久,都是卡斯蒂利亚王国的黄金时期。在他治理下的卡斯蒂利亚王国,政治清明,文化发达。阿尔丰索十世毕生致力于规范国家通用语言,通过他执政期间的不懈努力,卡斯蒂利亚语成为整个西班牙地区的通用语言,即通常意义上的西班牙语。阿尔丰索十世"博览兼听,谋及疏贱",一大批犹太人被他召集进入王宫,集中翻译了大量阿拉伯文和希伯来文的古希腊、罗马文化经典。有称说,阿尔丰索十世的译经运动对当时的几乎所有知识进行了一次百科全书式的整理。阿尔丰索十世执政时期,西班牙第一部国别史《西班牙编年通史》和第一部古代世界史《世界大通史》问世,更多的"第一部"接踵而来——第一部法学文献著作《法典七章》、天文学著作《天文知识》、珠宝鉴赏专著《宝石鉴》,还有第一本棋谱《博弈集》、第一本语文学著作《第八范畴》以及第一本"诗经"《蛮歌集》等等。② 阿尔丰索

---

① 〔英〕亨利·卡门《黄金时代的西班牙》,吕浩俊译,北京大学出版社 2016 年版,第 105 页。

② 陈众议《西班牙文学:黄金世纪研究》,译林出版社 2007 年版,第 14 页。

十世本人也被誉为"中世纪后期欧洲最伟大的人文学者"①。阿尔丰索十世时代得东西方文化之精髓,奠定了西班牙文化的多元与繁复。对于世界,西欧也许是一个整体;但对于西欧,西班牙却是一个特例——这在某种意义上就是由西班牙文化的多元与混杂所决定的。

14世纪是西班牙人文主义逐渐走向阳光普照的过渡时期。在这个时期,卡斯蒂利亚王国克服重重困难,进一步走向繁荣和强大。1295年,年仅十岁的费尔南多登上了卡斯蒂利亚和莱昂王国的王位。时值东北部的阿拉贡王国觊觎卡斯蒂利亚领土,又逢南方摩尔人虎视眈眈、伺机反扑;宫廷内部更是钩心斗角、党争不断。年幼的国王费尔南多根本无力承受这等内忧外患。一年后,卡斯蒂利亚已是四面楚歌。多亏费尔南多的母亲玛利亚·德·莫利纳关键时刻力挽狂澜,不仅保住了儿子的王位,而且维护了领土安全。1309年,长大成人的费尔南多国王不负众望,挥师南下并一举占领了直布罗陀,阻断了北非至格拉纳达的交通要道。1312年,费尔南多英年早逝,随即由阿尔丰索十一世即位。阿尔丰索十一世联合周边基督徒王国,终于在1344年夺取了阿尔赫西拉斯,从而彻底切断了摩尔人与摩洛哥等北非国家的联系,并为卡斯

---

① 〔英〕亨利·卡门《黄金时代的西班牙》,吕浩俊译,北京大学出版社2016年版,第173页。

蒂利亚王国带来了第一个太平盛世。

图 1-2 油画《伊莎贝尔在格拉纳达城外》,委拉斯开兹,收藏于西班牙马德里普拉多博物馆

图片来源:《文艺复兴时期的艺术和权力》插页。

H. Kamen: *The Escorial: Art and Power in the Renaissance*,Yale University Press,2010.

　　1492 年,随着欧洲最后一个穆斯林堡垒格拉纳达的陷落①,以卡斯蒂利亚和阿拉贡为核心的西班牙完成了"光复"

---

　　① 格拉纳达是西班牙南部的重要城市,摩尔人统治西班牙时期的首府所在地。摩尔人在经历被围城八个月之后同意签署投降书,同意以尊重自己的信仰和财产为条件,"不流血"地交出格拉纳达。

统一大业。1516 年,卡洛斯一世登基。其父费利佩(史称腓力一世)为神圣罗马帝国皇帝马克西米连一世之子,其母胡安娜为西班牙费尔南多(史称斐迪南五世)和伊莎贝尔(史称伊莎贝尔一世)之女。1516 年,斐迪南五世死后无嗣,卡洛斯以外孙身份继承西班牙王位,领有母亲所传的西班牙和西属南意大利、西西里、撒丁岛、美洲殖民地和菲律宾,以及父亲所传的整个哈布斯堡王朝(即今荷兰、比利时、卢森堡、法国东北部及奥地利、匈牙利、波希米亚等辽阔疆土),不久又从土耳其人手中夺取突尼斯(后复失)。1519 年他当选神圣罗马帝国皇帝,统领西班牙及其殖民地、德意志及哈布斯堡王朝。从此以后,西班牙逐渐取代意大利成为欧洲中心。政治、宗教、文化上的稳定繁盛,奠定大航海时代西班牙帝国崛起的基础。

第二节 航海、造纸、印刷:技术革命的助推

一、蓄势待发:航海技术的革新

地中海商业革命时代西班牙商人之所以能在西地中海享有海上优势,进而向东地中海进军并与众多的西亚、北非国家建立起商业与外交关系,是与西班牙巴塞罗那商人集团拥有一支强大的海军力量和数目可观的商船队伍分不开的。在那

一时代,航海业在阿拉贡王国占据着突出的重要地位,最优秀的海员都是来自加泰罗尼亚和马略尔卡。

无论商船或是军舰的远航,都必须备有指南针、线路图和航海图。这三者被视为中世纪航海业的重要技术革命。其中,中国人将指南针用于航海这一思维的西传,已是众所周知的事实,不再赘言。至于航海图的绘制实源于中国西晋地图学家裴秀用经纬线表示地理方位的制图六体法①,后来这种制图法传到伊朗和阿拉伯世界。14世纪初意大利人又受阿拉伯人这种绘制航海图方法的启发,开始结合罗盘的方位线用分率制图法绘制航海图。有了指南针和航海图,地中海的航海事业发生了一次质的飞跃。原本地中海的船只只能沿岸航行,从此则可跨越万顷波涛做遥远的两港之间的直达航行。西班牙现存最古老的航海图中,其中一张系1423年由马西亚·维拉台斯所绘,图上有加泰罗尼亚文的注释;另一张是由加夫里埃尔·瓦尔塞卡于1438年在马略尔卡绘制。②

---

① 裴秀(224—271)是西晋时期的地图学家。他绘制成历史地图《禹贡地域图》、晋地图《地形方丈图》,又总结前人制图经验,提出了绘制地图的理论"制图六体",即分率、准望、道里、高下、方邪、迂直。分率就是按比例反映地区长宽大小的比例尺;准望是确定各地间彼此的方位;道里就是各地间的路线距离;高下、方邪、迂直这三条是说明各地间由于地形高低变化和中间物的阻隔,道路有高下、方斜、曲直的不同,制图时应取两地间的水平直线距离。这六个方面是互相联系和制约的,唯有综合运用,才能制定出比较科学的地图。

② 〔日〕盐野七生《罗马灭亡后的地中海世界》(下册),田建国译,中信出版社2014年版,第83页。

1350 年以前，地中海船只尚只有单桅船。及至 1500 年，地中海沿岸已出现三桅或四桅船。在 150 年间，地中海船只完成从单桅船到多桅船的这种突变，只能说是受到中国多桅式帆船影响的结果。李约瑟①特别提到在加泰罗尼亚出版于 1375 年的一册《世界地图集》中，已绘制有三艘中国多桅沙船。这说明加泰罗尼亚人在红海或波斯湾贸易港口，已经看到过驶抵那里的中国多桅沙船。因为宋元时代正是中国海外贸易的高峰年代，中国商船不断到达红海、波斯湾一带。所以处于扩张时期的加泰罗尼亚人接触到中国多桅沙船是一件很正常、也是很容易的事。

西方一些资深的学者经过研究，认为 1375 年加泰罗尼亚出版的那份《世界地图集》之所以能绘制出中国多桅沙船的"模样"，是因为其作者阅读过马可·波罗撰写的游记——马可·波罗在书中曾记载了中国海船留给他的印象。但加泰罗尼亚人如果不是亲眼看见过中国多桅沙船，很难凭借一部游记的描述而最终绘制出中国沙船的模样来。历史事实很可能是这样，加泰罗尼亚人在从中东一带返回西班牙以后，一方面将中国多桅沙船的形象绘制在自己出版的《世界地图集》中以

---

① 李约瑟（Joseph Terence Montgomery Needham，1900—1995），英国近代生物化学家、科学技术史专家，所著《中国的科学与文明》（一般称为《中国科学技术史》）对现代中西文化交流影响深远。李约瑟关于中国科技停滞的思考，即著名的"李约瑟难题"，引发了世界各界关注和讨论。其主题为："尽管中国古代对人类科技发展做出了很多重要贡献，但为什么科学和工业革命没有在近代的中国发生？"

传播信息;另一方面也开始将中国多桅沙船在结构上的一些合理成分吸收到自己的造船实践当中。这种对外来造船技术的引进与西班牙本身对造船业的重视是并行不悖的。

14世纪起,西班牙的地中海航海事业已进入技术更新的时期,罗盘和观象仪已普遍应用于航海之中。特别是从帆桅的使用来看,已出现由单桅帆船向中国式的多桅帆船的方向发展的趋势。正是这种航海技术的更新为日后的地理大发现打下了坚实的物质基础,或者说,准备好了技术条件。

二、造纸术、印刷术的应用和文化影响

9~11世纪,正是西班牙伊斯兰世界科学、文化和艺术最为辉煌的时代。才华横溢的科学家、文学家、艺术家和哲学家星光辉映,创造出相当一批具有永恒价值的学术著作。此外,科尔多瓦的翻译家们将希腊古典名著大量译成阿拉伯文,为日后欧洲的文艺复兴运动奠定了基础。即使如此,如果上述历史时期没有纸张的批量生产,西班牙的文明成果也将难以传世,更不用说越过比利牛斯山,传播到意大利、法国、英国等其他欧洲国家和地区。

美国学者卜德(D. Bodde)说,全世界都应该感激发明造纸术的蔡伦,并且将这份谢意高置于对其他发明家的感激之上。如果我们看到造纸术的西传曾经对欧洲文明的发展产生过何等巨大的影响,就不会认为卜德的言辞具有溢美之嫌。

造纸技术在欧洲得到普及之前,欧洲人主要在羊皮纸上书写文献。试想一下,记录一卷二百页的著作,需要使用八十只羊的羔皮;而抄写一部《圣经》,需要杀死三百只羔羊。由此可知,依靠羊皮作为传播、普及文化的媒介,其成本之高,难度之大。而西班牙作为最早开始实践造纸术的欧洲国家,其桥梁作用功不可没,随着帝国版图的不断扩张,大大推进了造纸技术西传欧洲的进程。

1150 年,西班牙瓦伦西亚的哈迪瓦(Jativa)建立了欧洲第一家造纸场。阿拉伯人在此不断革新造纸技术,生产的纸张薄到几乎透明的程度,哈迪瓦的纸张自此远近闻名,畅行欧洲。[①] 至 13 世纪,造纸技术又经西班牙向欧洲其他国家继续扩散。仅从纸的计数单位的称谓来看,英文的"令"ream 借自于古法文的 reyme,古法文的 reyme 实源于西班牙文的 resma,而西班牙文的 resma 则是由阿拉伯文的 rizmab 演化而来的。由此不难发现,造纸术在欧洲版图上的传播轨迹。

造纸技术与印刷技术在欧洲的结合,对欧洲文明的繁荣发展起到巨大的推动作用。从科技发展史的角度来看,人们已大都认定德国人谷腾堡是在中国印刷术的启迪下,在欧洲率先应用活字印刷技术。尤其是 1294 年波斯的伊尔汗(Il-

---

① Gaston Wiet: *History of Mankind Cultural and Scientific Development*, London, Penguin Books, 1975, Vol.3, p231.

khan)王朝也曾仿照中国纸币的制式,在该地区一度发行过纸币。[①] 纸币是印制的,这很可能对邻近的欧洲人"发明"活字印刷术有所启示。但在谷腾堡使用活字印刷术之前,西班牙人就已经在玩"纸牌"了。纸牌是中国人的发明,后经阿拉伯人传入西班牙。卜德在《中国物品西入考》中标注,1377 年的西班牙文献中已有纸牌的记载。这说明在此之前,纸牌已经有很长的传入及被接受再到普遍受到欢迎的历史。

纸牌是印出来的。这对于印刷术的"发明"可能会产生某种联想作用。据美国学者希提在其《阿拉伯简史》一书中所载,在造纸技术普及后,西班牙已有一种"复印"(Tab)技术在应用,即有专门机构负责将已写好的官方文献"复印"出多份,再分发给有关部门。[②] 在科尔多瓦王朝全盛时期,像拜占庭、意大利及英、法、德等国均不断派使节前往西班牙。这些出入西班牙宫廷的显贵们,把他们看到的"复印"件带回国内,当作一项"奇物"向熟识的人们展示。而听闻此事、见识过此物的人群当中,某些有心于此的人也去尝试类似的实验,并在反复实验中,最终形成一种产生出活字印刷技术的新思路。

综上所述,在欧洲印刷术发明过程的研究中,除了中国印刷术由东而西这一传播路线外,我们应当考虑西班牙由西向

---

① Bernard Lewis：*Islam from the Prophet Muammmond to the Capture of Constantinople*，London，Penguin Books，1976，p170-172.

② 〔美〕希提《阿拉伯简史》,马坚译,商务印书馆 1973 年版,第 109 页。

东传播这一路径对欧洲印刷术的应用起到过启示的作用。

三、心向未至之地：异域游记的流行

航海技术的革新使西班牙人驰骋海洋的胆略更高，纸张的发明、印刷术的使用，提高了文字传播的广泛性。大航海时代到来之前，西班牙人脚步所至之地，已经远远超越地中海和大西洋的两个世界。在地中海商业革命时期，特别在"蒙古和平"时期，亚欧大陆已畅通无阻。为了开展与东方国家尤其是与中国的直接贸易，意大利、西班牙的商队不畏万里商途之险，相继走向东方。

威尼斯马可·波罗家族的中国之行已传为佳话。那一时期热那亚商人实则更为活跃。据文献记载，早在 1224 年热那亚商人已经成立专门开展东方贸易的组织，并最先在福建泉州设立了商站。1326 年前后中国泉州已经是当时世界的第一大港，热那亚人把东方贸易的商站设立于此，相当具有先见之明。① 另有佛罗伦萨人佛朗西斯科·皮加罗，他著有《商业实用手册》。手册中告知，从高加索的塔纳通向中国的商道日夜都很平安。他还建议欧洲商人结成六十人团队同行，更能保障商路旅途的安然无恙。② 从他建议的人数规模上来看，

---

① 〔美〕唐纳德·F. 拉赫《欧洲形成中的亚洲》（第一卷第一册），周宁译，人民出版社 2013 年版，第 41 页。

② 〔英〕赫德森《欧洲与中国》，李申等译，中华书局 2004 年版，第 156 页。

往来中国贸易的欧洲商队在当时已经相当可观。随着马可·波罗等西方商人、旅行家、传教士和外交官相继踏上中华大地,通过他们的回忆录、游记、随笔和书信,使欧洲人开始看到在遥远的东方屹立着一个比欧洲有着更高文明水平、拥有更繁荣的经济的国家——中国。因此,对中国的向往已成为那一时代欧洲人的普遍心理。《马可·波罗游记》(又名《马可·波罗行纪》)甫一问世,即流行起不同语言的上百种抄本,便是对上述观点的一个很好的证明。

在上述历史背景下,西班牙人也开始了自己的东方之行。最早到过、或至少最早报道过中国的西班牙人,是生在纳瓦拉的一位犹太人拉比①本哈明·德·图德拉(Benjamin de Tudela)。1159 年他经萨拉戈萨来到巴塞罗那,从巴塞罗那抵达法国,后经意大利、希腊到达黑海之滨。在君士坦丁堡、罗德岛(Rodas)、塞浦路斯、约旦、阿勒颇(Alepo)和幼发拉底河一带的城市都曾留有他的足迹,最后他到达阿拉伯湾的基什(Kish)港。从他的旅行路线来看,基本上是在地中海区域的西班牙人海外居留地周游。这些地方一般都有西班牙人设置的"商站"。本哈明·德·图德拉是个犹太人,很可能也是个商人,所以他选择上述旅游路线是完全可以理解的。

①　拉比是犹太人中的一个特殊阶层,需接受过正规犹太教教育,系统学习过犹太教经典,能为犹太民众讲解犹太教教义和律法,能注释、翻译宗教典籍,是犹太人中学者和智者的代表。

本哈明·德·图德拉的原书是用希伯来文写成的,1918年和1982年两版西班牙文译本问世,现已有拉丁文、法文、意大利文、德文和丹麦文等多种语言的译本。他在书中提到,在东方有个叫"秦"(Zin)的国家,那是世界"极东之地","冰海"就在那里。如遇上强风,任何水手都无法再驾驭他们的船只。有时船就被"定"在海上,再也无法移动。等耗尽了所有给养,水手们只有死去。为了活命,出没那一海域的水手一般都自带一个牛皮袋子。当强风袭来,水手便钻进袋中,再用针将袋口缝紧,防止进水。这样,即使船只沉没,钻在这种牛皮袋中的水手仍可暂时活命。当强风过后,常在这一带天空飞翔的大鹰会认为牛皮袋子是个"动物",就会把它叼到岸上,这时水手便可用刀子捅开牛皮袋而获救。在这段"海外奇谭"描述中,说明中国已被当作一个可感知的国家进入西班牙人的认知领域。

另一位没有留下姓名的西班牙塞维利亚方济各会会士也曾于1348年前往中国,《闻见录》一书辑录了他的中国之旅。这是一部极具趣味性的旅游指南。它告诉人们"中国"有三条大河纵横全境。这可能是指黄河、长江和珠江的三大水系。根据当时欧洲一般观点,或把"契丹"(Catayo)与"中国"(Scim)当作两个不同的国家来看待,或是认为"中国"仅仅是整个"契丹"的一部分。《闻见录》即持"中国是契丹的一部分"这种观点,并认为"中国"地处东海之滨,是世界的终极之处,与"中国"相邻的是"土番"(Trimic)。书中描写"中国"是科学与法治之邦,人们富有智慧,处处依法办事,它的文明对四邻都有影响。《闻见录》还指出,从西方通向"契丹"有两条路:一是经君士坦丁堡、里海、阿尔美尼亚、黑海等处,另一条是经塞浦路斯、土耳其、美索不达米亚、底格里斯河、波斯、陶里斯、撒马尔罕和"中国"等处。《闻见录》有关中国的记载并不确切,大部分似是而非。很显然,这位佚名的西班牙旅游家对于遥远的"契丹"国家非常向往,但最终他是否如愿地到达中国则很难说了——他很可能像同时代的传教士那样,仅从路途中的传闻写出了他的《闻见录》。

另一位西班牙方济各会会士帕斯夸尔·德·维克托里亚(Pascual de Victoria)曾在 1333 年前后与他的同胞贡迪萨尔沃·德·特朗斯都尔纳(Gundisalvo de Transturna)一起前往东方。他们在阿威依受到教皇和方济各会总主教的祝福,然后乘船去威尼斯,途经亚德里亚海、里海,最后来到塔纳。在这里他们开始学习蒙古语等语言,为前往中国做准备。当他们到达察合台汗国的首府阿力麻里时,曾给远在西班牙的教友们写信,信中表达出对西班牙的忠心。1339 年帕斯夸尔·德·维克托里亚不幸遇难,他的东方之行就此告终。

无论是犹太人本哈明·德·图德拉、佚名的方济各会会士还是帕斯夸尔·德·维克托里亚,他们遗留下来的有关东方纪行的手迹,数量十分有限,内容又十分简略。关于他们的生平和业绩,都没有留下足够的文献可资研究。本书认为,上述种种缺憾却正是东西方文化交流过程中,特定历史时期的反映。最为重要的是,这些往返于亚欧大陆上的匆匆过客的事迹表明,在他们生活的那个时代,"中国"或"契丹"业已成为令西班牙人向往并激励他们前往东方的一个重要动力。

第三节 想象东方:寻找新世界的动力

一、出使东方的历史背景

11~14世纪,西班牙帝国不仅希望在地中海区间贸易中占有一席之地,而且开始从东西方两个世界的地缘政治角度来看待国家的未来发展方向,并试图在变幻不定的多元世界中,扮演一个举足轻重的角色。这种对自我力量的觉悟和对外部世界的参与精神,集中体现在克拉维约出使东方的活动中。

西班牙杰出外交家路易·贡萨雷斯·德·克拉维约(Ruy Gonzalez de Clavijo,?—1417)1403年奉西班牙卡斯蒂利亚国王恩里克三世(Enrique Ⅲ)之命携带国书和珍贵礼品前往撒马尔罕去觐见称雄一时的帖木儿(Tamerlan 或 Timur,1336—1405)。及至1406年返回西班牙后,他写出一部《克拉维约东使记》(*La Embajada al Tamerlan*, 1403—1406),记述了他完成使命的整个过程和往返路上的见闻。其中关于中国的记述更可看作是西方在对中国的认识上的一个新的里程碑。

克拉维约出使东方有着深刻的历史背景。在东方,1368年朱元璋推翻了元朝统治建立明帝国;而在中亚一带由蒙古人建立的各王朝也纷纷解体,亚欧之间畅通的商路又告中断。在西方,14世纪中叶以后,地中海商业革命经历了深重的危机。此外,从1340年起,黑死病在欧洲蔓延成灾,人口死亡率为35%～65%,工农业生产严重衰退。西班牙也深受影响,至14世纪加泰隆尼亚的贸易已降至高峰期的1/5。

此时处于东西方之间的信仰基督教的东罗马帝国由于国力日衰,在奥斯曼帝国土耳其人的威逼下,已退缩至君士坦丁堡及其周围狭小的一隅,实则危机四伏。1396年,法国和匈牙利的君主曾试图组织一次新的十字军远征,以解君士坦丁堡之围,但他们遭到了失败。在1400年前后,整个欧洲以十分痛苦的心情看着君士坦丁堡形势的恶化。

此间,帖木儿却在中亚迅速崛起,并建立起一个规模空前的强大帝国。帖木儿帝国和奥斯曼帝国为争夺霸权而处于严重对立之中。在一系列的军事冲突中,帖木儿帝国占据明显上风。尤其是1402年安哥拉一战,帖木儿帝国大获全胜,并生擒奥斯曼帝国苏丹,威震四方。因此,欧洲人试图与帖木儿结盟,从东西两个方向向土耳其人施加压力,以解君士坦丁堡之围,进而重新打通与东方国家的贸易。

西班牙基督教世界在收复失地的圣战中已取得节节胜利。伊斯兰势力被迫退守至格拉纳达一角。但当时卡斯蒂利亚国王恩里克三世已经认识到,西班牙收复失地的最后胜利是和整个地中海区域基督教世界与伊斯兰世界之间的总体斗争形势息息相关的。因此,他尤为关注帖木儿与土耳其人之间力量的消长。为了进一步了解上述双方的斗争形势,1402年,恩里克三世派使节前往安哥拉觐见帖木儿并受到热情接待。同时,帖木儿也曾派使节携带珍稀礼品前来西班牙觐见恩里克三世。

恩里克三世深为帖木儿的友善态度所鼓舞,遂决定再次向帖木儿派出使节以加强与这一中亚帝国的联系,同时责令西班牙使节要了解中亚人文、地缘状况以及沿途不同民族的宗教信仰和各民族之间的关系,以便为西班牙这一地区的未来发展预先打下基础。此次派出的使节就是克拉维约,而他返回西班牙后迅即写出了《克拉维约东使记》。

二、《克拉维约东使记》的海外见闻

《克拉维约东使记》记载了克拉维约一行自 1403 年 5 月 21 日离开西班牙圣达·玛丽亚港直至 1406 年 3 月 24 日重返故国在阿尔卡拉·德·埃纳莱斯谒见西班牙国王,前后历时三年的海外见闻。

图 1-3　《克拉维约东使记》1582 年抄本,马德里国立图书馆藏

克拉维约一行首先自西地中海进入东地中海,后跨越达达尼尔和博斯普鲁斯两个海峡进入黑海。从特拉布松开始,克拉维约一行改换乘骑继续东行,途经中亚重镇塔布里士、德黑兰,渡过阿姆河而最终在撒马尔罕觐见帖木儿。

克拉维约成功地向帖木儿呈献西班牙国王的国书和珍贵礼品,而帖木儿则给予西班牙使者以极高的礼遇。《克拉维约东使记》记载的在撒马尔罕的外交见闻中,最为笔者关注的是关于明帝国使节以及有关中国的记述。

书中记载，中国皇帝向帖木儿遣使之意，实为因帖木儿占有中国土地多处，理应按年纳贡，但近七年来帖木儿迄未献纳，因此遣使节特来责问。对于上述责问，帖木儿回答："中国天子责问岁贡，理所当然，惟积欠七年之贡，一旦令全数补纳，事多困难。莫如容加筹措，再行逢纳朝廷。"①

对于帖木儿的这种答复，中国皇帝派来的使节深感不满。克拉维约由于不是当事人，他又不在帖木儿与中国使节论辩的现场，所以在《克拉维约东使记》中，他只把他听到的有关说辞记录下来。据克拉维约记述，中国使节是这样回答帖木儿的：

> 七年以来，帖木儿既未向中国纳贡，中国亦未责问；其中原因，则由于中国内部发生事故，未遑及此。初，中国皇帝薨。遗诏命太子三人，分领中国各地。不料大太子欲独据全境，侵夺二弟之土地，从此，兄弟之间，举兵相争，大太子最后兵败，并就大帐中举火自焚。当时殉者，尚有多人。及事变平息，新天子即位，方得遣使来帖木儿处责问欠贡。②

由于克拉维约记录的是一段"传闻"，因此他的记述中有相当一部分内容与中国的史实并不相符。如：中国皇帝薨，显

---

① 〔西班牙〕克拉维约《克拉维约东使记》，杨兆钧译，商务印书馆1957年版，第93页。

② 〔西班牙〕克拉维约《克拉维约东使记》，杨兆钧译，商务印书馆1957年版，第101页。

然指的是明太祖朱元璋于 1398 年病故一事。由于懿文太子朱标早年夭折，所以朱元璋将皇位传给了太孙建文帝朱允炆。但朱元璋第四子朱棣具有雄才大略，而且觊觎皇位已久，这样在他们叔侄二人之间终于引发了权力之争。最后朱棣取得全胜，于 1402 年在南京登上帝位，这就是威名远扬的永乐皇帝。可见克拉维约的记述与史实相距甚远。

朱棣即位后十分注意对外关系的开展。在 1405～1422 年之间，他曾派遣中国大航海家郑和 6 次远航亚非各国，同时他也极为关切中国与周边国家关系的发展，其中就包括调整中国与帖木儿帝国之间的关系。

明王朝与帖木儿的最早交往当在洪武二十年（1387）。帖木儿曾派使节向明朝进贡驼马；明政府则给予丰厚的回赐。洪武二十二年（1389），帖木儿再次派使节进献马匹；洪武二十四年（1391）又再次进贡。对此，明政府都一一给以还礼。洪武二十七年（1394）帖木儿又派使节献贡马 200 匹，在呈表中帖木儿表达了他对明皇帝的尊崇并承认其臣属关系。所以在明初，在明统治者与帖木儿之间可以说仍保持着良好的双边关系。但明朝此时也感到在明王朝与帖木儿之间已有一种潜在的不和谐因素的存在。

已在中亚建立起庞大帝国的帖木儿，意欲结束与明王朝的臣属关系，因此不断向中国使节发难，甚至有意抬高克拉维约来羞辱中国来使。根据克拉维约的记述可知，帖木儿在接见外国来使时,首先竭力赞扬西班牙的富强与伟大,以此来贬低中国。后在接见西班牙使节时,给予克拉维约以特殊的礼遇,并向群臣介绍说:"此人即是西班牙国王所遣来的专使。西班牙国王,为富浪(Frank)诸国中最大之国王,最富强之民族,且为一有名之国家,此次来觐见,我将答以诏书。西班牙国王只奉来表文即可,无须乎献纳贡品,只将其安好之消息传来,即是使我解慰,此外我对之别无他求。"①

在《克拉维约东使记》后面的段落中,克拉维约写有如下一段:"据传,帖木儿此次曾命人辱慢中国使臣,不过其臣属曾否奉行此命,不得而知。"②这段话也说明,帖木儿在接见西班牙使者克拉维约时,中国使节并不在场。帖木儿不过是用虚妄的言辞故作姿态给西班牙使者看。克拉维约很可能为了突显他个人的外交成就而有意地混淆了事实。可以这样说,中国使臣当时并没有在帖木儿接见西班牙使臣的现场,否则克拉维约不会不记录中国使臣留给他的印象,更不会不记录中国使臣对于帖木儿的当面侮辱所做出的回应。对于中国与帖木儿帝国这东方两大帝国之间的面对面冲突,像克拉维约这样的政治家是不会漠然视之的。

① 〔西班牙〕克拉维约《克拉维约东使记》,杨兆钧译,商务印书馆1957年版,第113页。
② 〔西班牙〕克拉维约《克拉维约东使记》,杨兆钧译,商务印书馆1957年版,第117页。

作为职业外交家的克拉维约，虽然未能与中国使节直接接触，但从他对上述事件的记叙中可以看出，在东西方地缘政治的链条中，远在东方的中国是个极其重要的要素。因此克拉维约在撒马尔罕期间对于与中国有关的事物进行了详细的记载，并通过他的著作将有关中国的信息生动地传达给西班牙和西方世界。

《克拉维约东使记》中有关中国的记载主要内容如下：

其一，中国皇帝名"九邑思汗"（Cayis Han），其意为"统有九邦之大帝"。鞑靼人称其为"通古斯"（Tanguz），其意为"嗜食豕肉之人"。①

其二，自撒马尔罕至中国首都之间距离，为 6 个月路程。中国首都名"汗别里"（Kam Ballik）。② 中国境内之城市，以此为最大。中国首都距海不远，其广大雄伟，远在塔布里士 20 倍之上。其首都可谓世界最大之都会。

其三，中国与帖木儿王朝之间有大规模的贸易往来。在克拉维约一行到达撒马尔罕之前几个月，有一支由 800 匹骆驼组成的中国商队抵达这里并运载来大宗商货。③ 在撒马尔

---

① 〔西班牙〕克拉维约《克拉维约东使记》，杨兆钧译，商务印书馆 1957 年版，第 159 页。

② 〔西班牙〕克拉维约《克拉维约东使记》，杨兆钧译，商务印书馆 1957 年版，第 159 页。

③ 〔西班牙〕克拉维约《克拉维约东使记》，杨兆钧译，商务印书馆 1957 年版，第 127 页。

罕市内也可以看到中国商品。

自中国境内运来世界上最华美的丝织品。其中有一种为纯丝所制者,质地最佳。克拉维约还发现,帖木儿的帷幕其外墙乃由名为"刺桐"之素缎所围起。①

克拉维约在撒马尔罕期间,年已七旬的帖木儿突患重病,通知各国使节必须离境。克拉维约一行在不得已的情况下,也只好离开撒马尔罕返回西班牙。由此,使他失去与明朝使节接触或更多了解中国国情的机会。帖木儿与明王朝的关系终究会影响到整个东方的地缘政治形势,所以克拉维约在返回途中,还在关注这两个国家之间争霸的结果。

据《明史·西域传》记载,1404 年 11 月克拉维约离开撒马尔罕之际帖木儿确已病重不起,但同年 12 月他又恢复健康,随即组织庞大兵团并亲自指挥,于次年 1 月向中国进发。然而进军途中,帖木儿旧病复发病逝于达兀答剌儿。明王朝在此之前亦得到帖木儿率军进犯的消息,命令甘肃总兵宋晟严加戒备。

由于帖木儿的病逝,避免了中国与帖木儿之间的一场军事冲突。但在帖木儿病故后,他的继承人之间爆发权力斗争,庞大的帖木儿帝国开始瓦解。1407 年帖木儿第四子沙哈鲁

---

① 元代泉州被视为世界第一大港,因该域遍种刺桐,故外国人亦称泉州为刺桐。由此,泉州所产的丝绸在欧洲也被称"刺桐",在西班牙"刺桐"已转音为 Setuni。

为扩大自己势力,愿与明王朝重修旧好,派使臣将原长期被扣押的明朝使节傅安等人送回中国。由此中国与帖木儿之间恢复了和平友好的关系。

三、《克拉维约东使记》的政治影响和文化价值

尽管克拉维约由于匆匆离开帖木儿帝国,对于中国与帖木儿帝国外交关系的新变化并没有记述,但克拉维约在他的著述中有关中国的介绍,对西班牙乃至对其他西方国家,都可谓影响深远。

首先,克拉维约出使帖木儿帝国的目的非常明确,即争取与帖木儿结盟共同打击奥斯曼帝国,以解君士坦丁堡之围。这样既可保住君士坦丁堡这一基督教世界在东方的最后阵地,同时通过君士坦丁堡可以开展与东方国家的贸易,有效缓解地中海经济危机。但通过这次中亚之行,克拉维约在书中具体描述了帖木儿帝国强大的军事实力、有效的组织系统、严整的军容和阵势,暗示出帖木儿作为盟友的不可靠性。通过克拉维约书中一段段关于帖木儿创建帝国过程中所实施的狡诈与残忍的谋略的描述,实际上已暗示出这一点。特别是克拉维约对于帖木儿帝国强大的军事实力、有效的组织系统、严整的军容和阵式都有具体的描述,这无异于是在告诫欧洲人:帖木儿帝国在反对土耳其人的斗争中可能成为西方的盟友,但土耳其人的威胁一旦消失,或土耳其人的力量一时有所削

弱,那时帖木儿会不会成为西方最危险的敌人;如果政治形势果真朝这一方向发展,那么欧洲基督教世界最终到哪里去寻求遏制帖木儿的协同力量。而他在《克拉维约东使记》中不仅介绍了中国的繁荣富强,还特别强调指出鞑靼人所说"中国天子,虽生来即为崇拜偶像之徒,但其后皈依基督教云云"。此段话的意义非同一般。

众所周知,在中世纪,欧洲人一直祈盼寻找东方世界某个信仰基督教的国度,以便与之结盟,进而从东西方夹攻阿拉伯人。克拉维约强调的见闻,无异于为欧洲人描绘出一张东西方地缘政治变化的新蓝图,即在特定历史时期欧洲应考虑与中国结盟共同制约横亘在欧亚大陆之间的帖木儿帝国。

其次,《克拉维约东使记》中有关中国以及中国在东西方地缘政治中所处的战略地位的记述,笔者认为对哥伦布的历史性远航很可能起到重要的推动作用。只是人们常常谈论马可·波罗游记对哥伦布的影响,而忽略了《克拉维约东使记》与哥伦布远航之间可能存在着的内在联系。这里所说的"推动作用"并不完全在于哥伦布是否读过《克拉维约东使记》并从中得到某种启示,而是指西班牙国王费尔南多和伊莎贝尔对哥伦布远航的支持反映了西班牙王室对东西方地缘政治关系所持的基本观点和政策上的连续性。而此点不能说不与《克拉维约东使记》有某种内在的联系。

如前所述,恩里克三世派遣克拉维约赴撒马尔罕去觐见帖木儿,这一举措表明了西班牙王室的如下策略:意欲与帖木儿结盟,从东西两个方向上向奥斯曼帝国施压,从而解除土耳其人对君士坦丁堡之围,进而打通东西方商路,以重振东西方贸易并最终摧垮伊斯兰世界。然而在帖木儿病故后,他的继承人纷争不断,终致帖木儿帝国分崩离析。奥斯曼帝国则乘机重振雄风并加紧对君士坦丁堡的围攻。1453年奥斯曼帝国素丹麦哈蒙特二世(Mahoma Ⅱ,1451—1481在位)率土耳其大军最终攻占了君士坦丁堡,这不仅倾覆了东罗马帝国,而且使欧洲面临奥斯曼帝国入侵的现实危险。事态的发展也果然如此。奥斯曼帝国在攻占君士坦丁堡之后,立即向巴尔干半岛扩张,1456年在侵占波斯尼亚之后,土耳其人已经逼近欧洲腹地。在北非,乌穆鲁克王朝统治下的埃及已如一块朽木。在西亚,叙利亚已虚弱到极点。因此,奥斯曼帝国向西亚与北非进军也只是个时间问题。地中海基督教世界面临着空前严峻的挑战。

1492年西班牙攻克格拉纳达,终于完成了收复失地的历史重任。面对奥斯曼帝国扩张的现实威胁,费尔南多国王和伊莎贝尔女王在15世纪末宗教复兴运动的推动下,已自觉地承担起十字军运动捍卫者的重责,并决心把"十字与新月"的斗争进行到底。在地中海区域与奥斯曼帝国进行全面对抗,以及通过新航路的开辟去寻找马可·波罗和克拉维约所描绘的东方大国——中国,以便与中国"大汗"结盟,进而形成对奥斯曼帝国的合围，这就是西班牙王室地中海战略的两个基点。① 事实上，这也是对恩里克三世地中海策略的继承和发展。特别是克拉维约听说，中国皇帝业已皈依基督教这一点，很难说不是促成西班牙王室支持哥伦布远航东方的重要原因之一。

目前，尚没有发现西班牙王室签发给哥伦布致中国大汗的国书。但在西班牙阿拉贡王室档案馆中却保存着 1492 年 4月 30 日由西班牙国王签发给哥伦布的前往异域国家的"没有写下具体国名的国书"。在这一历史文献中之所以没有对哥伦布前往的国度具体加以"具名"，这可能是因为西班牙王室并不确切知道当时在中国当朝的"大汗"的具体称谓，所以只能在文函上留有空白线，以备日后填写正式的头衔。② 在"没有写下具体国名的国书"中，同样没有写明西班牙王室意欲与中国大汗结盟的只言片语。事实上，在与中国大汗接触并了解中国大汗对东西方地缘政治格局的看法之前，按外交惯例，西班牙王室是不可能先期亮明自己的观点的。但通过《哥伦布航海日记》则仍可看出哥伦布的远航目标就是中国。在 1492 年 10 月 30 日的日记中，哥伦布写道："应设法前往大可汗国，据其认为，大可汗就在附近，也即大可汗居住之契丹就

---

① 张志善《哥伦布首次西航时所带至大汗的国书初探》，《拉丁美洲通讯》1992 年，第 35 页。

② 张铠《中国与西班牙关系史》，五洲传播出版社 2013 年版，第 67～71 页。

在附近。"①在其11月1日的日记中哥伦布又有如下记述："这里就是大陆，萨伊多和金萨伊就在吾前面一百里格的地方。"②据《哥伦布航海日记》的中文译者孙家堃考证，上述引文中的"萨伊多"(Zayto)应是中国的泉州；而"金萨伊"(Quin-say)可能是杭州(Kinsai)的变体写法。在《马可·波罗游记》中对这两个城市都有具体的描述。

综上所述，可以说哥伦布远航的直接目的地就是中国。如果说《马可·波罗游记》曾经激发了哥伦布寻找通往中国的新航路的热情，那么《克拉维约东使记》则很可能为西班牙天主教国王费尔南多和伊莎贝尔支持哥伦布的远航提供了制定政策的某些依据。我们说《克拉维约东使记》对哥伦布的东方之行起了推动作用，即主要是指此而言。

---

① 〔西班牙〕哥伦布《孤独与荣誉：哥伦布航海日记》，杨巍译，江苏凤凰出版社2014年版，第71页。

② 里格，西班牙当时里程计量单位，一里格相当于5572.7米。

第二章　15 世纪西班牙帝国的海洋扩张与文化先行策略

　　有千万种理由

　　幸福的西班牙应歌颂你的名字

　　你令人称谢的丰富经历

　　会永存青史①

　　　　　　　　　　　　　　——门多萨

　　发现美洲新大陆之后,西班牙早期殖民者发动了一系列征服土著居民的战争。最初的征服性殖民发生在 1492 年 12

---

　　① 〔西班牙〕门多萨《中华大帝国史》,孙家堃译,译林出版社 2014 年版,第28 页。

月,哥伦布在海地岛建立了第一个殖民据点。之后19年间,直至迭戈·贝拉斯克斯在1511年占领古巴,西班牙殖民者在这块"新大陆"上最终建立起一个远离本土的庞大殖民帝国。然而,殖民统治的不争事实却在西班牙帝国崛起之初被合理美化了。"政治强权往往携文化强权同行,迄今为止的文化史和传世文本,基本由体制把持,它刻意制造种种史迹、神话、名人典籍充斥每个角落。"①西班牙帝国率先推行文化先行策略,以语言为载体面向殖民地实施"命名",以文学为载体面向国内构建"帝国想象",使海外拓殖凝聚成为帝国各阶层的普遍价值认同,有效地隐蔽了帝国海外殖民的残暴行径和扩张野心,使海外拓殖俨然成为合情合法、众志成城的英雄行为,构建起帝国上升时期的宏大想象。

第一节 新兴帝国的政治运行机制与财富增长需求

一、双王共治的国家体制

自中世纪以降,西班牙虽然身陷"十字架"与"新月"的斗

---

① 〔乌拉圭〕加莱亚诺《镜子:照出你看不见的世界史》,张伟劼译,广西师范大学出版社2008年版,第53页。

争,但并未缺席地中海的繁荣。彼时的地中海地区,不仅占据东西方贸易往来的重要枢纽地位,且在政治、宗教、文化方面拥有极高的话语权。亚平宁半岛的罗马是天主教教廷所在地,地中海地区自然也成为中世纪欧洲的中心。可以想象,地中海作为欧洲中世纪政治、经济和文化的中心,曾经何等辉煌。巴塞罗那在当时以地理位置的优越先拔头筹,坐拥地中海贸易的巨大份额,以其繁华而发达的港口城市规模,成为地中海地区首屈一指的大型城市。巴塞罗那当时属于阿拉贡王国,随着阿拉贡王国势力的不断强大,到14世纪,已将意大利的那不勒斯、萨丁尼亚和西西里一并收入囊中。当时的卡斯蒂利亚王国,其支柱产业是羊毛加工和出口,而卡斯蒂利亚的兵器制造业与牧羊业同样负有盛名。繁荣的经济、丰富的文化,连接地中海与大西洋的交通枢纽,贯通欧洲与非洲、亚洲的重要位置,这一切都为西班牙率先崛起、成为近代世界大国奠定了基础。

长期与伊斯兰教徒的对抗,不断增强着西班牙人的民族意识。作为国家主要支柱之一的卡斯蒂利亚王国,始终视之为使命——"在整个中世纪都有一个明确的民族任务,一方面是收复失地,另一方面是努力统一西班牙各基督教王国。"[1]为加速中央集权民族国家的形成,1469年卡斯蒂利亚王国的

---

① 〔美〕伊曼纽尔·沃勒斯坦《现代世界体系》第一卷,郭方译,社会科学文献出版社2013年版,第146页。

伊莎贝尔公主和阿拉贡王国的费尔南多王子联姻，标志着伊比利亚半岛上最强大的两个王国结成一体，统一的西班牙国家由此诞生。婚后，女王伊莎贝尔一世于 1474 年在卡斯蒂利亚王国登基，国王费尔南多二世于 1479 年在阿拉贡王国登基。他们共同治理卡斯蒂利亚和阿拉贡，成为卡斯蒂利亚和阿拉贡的共治国王。

1492 年，伊莎贝尔一世女王和费尔南多二世国王完成了西班牙的光复运动，结束了摩尔人长达七个世纪的统治，并将所有不愿皈依基督教的阿拉伯人后裔一并驱逐。至此，伊比利亚半岛实现了基督教意义上的统一，一个中央集权、君主专制的王朝国家迅即拉开强势崛起的帷幕。教皇亚历山大六世为了表彰伊莎贝尔一世和费尔南多二世对基督教的贡献，于 1496 年 12 月 2 日正式授予他们"天主教王"的头衔。这份史无前例的荣耀，进一步推动了西班牙国内的宗教狂热。

在西班牙收复故土的民族战争中，欧洲也正在经历着军事领域的巨大变革。以大弓、火药、火炮为代表的一系列军事技术革新，使军事征战的成本被迅速提高，新型军事技术催生了职业军队的兴起，封建领主的固有财富若要投入大规模的新式战争，其资本必然会捉襟见肘。"行将就木的封建经济形式，显然已经无力支付军事力量的建设开支。随之而来的，就是固有的封建政治组织日益凋敝，逐渐在经济和军事环境的转变中丧失存活的能力……这最终必将导向民族国家的创立。"①从这一点来看,欧洲君主制国家的确立,到 15 世纪末已是大势所趋。

较之于伊比利亚半岛的其他国家,西班牙在长达七个世纪的民族斗争中,形成了更为强大的政治组织结构。共同治理国家的伊莎贝尔一世和费尔南多二世,更是得到教廷殊荣。作为"天主教双王",他们二人拥有对国家财富和军事资源的绝对支配权,集权管理自 1480 年起不断得到加强。王室通过立法手段削减议会的权限,使之作为国家最高立法机关的地位受制于王室,同时王室委派选拔钦定的行政官吏,到国内所有较大规模的城市和村镇负责治理,进一步巩固了王权的绝对控制地位。当 15 世纪英、法、德等西欧王国陷于内部纷争,国家尚未统一亦无暇对外实施扩张之际,西班牙领先一步,凭借中央集权国家的确立,为民族国家的扩张奠定了政治保障。西班牙帝国作为近代新型的政治组织单位,"从世界上最默默无闻的角落异军突起,实现了从一个新起点向世界强国的转变"②。

---

① 〔美〕罗伯特·吉尔平《世界政治中的战争与变革》,宋新宁译,上海人民出版社 2019 年版,第 71 页。

② 〔英〕巴里·布赞《世界历史中的国际体系——国际关系研究的再构建》,刘德斌译,高等教育出版社 2004 年版,第 115 页。

二、"黄金与上帝密不可分"①

今天,当你站在萨拉曼卡的小学院(Escuelas Menores)广场,面对着中世纪著名的大学,你会看到一面硕大的圆形浮雕。太阳的光芒斜射在金色石头上,精美的阴影非常清晰地勾勒出阿拉贡的国王和卡斯蒂利亚的女王,或者像人们习惯说的那样,是西班牙的伊莎贝尔女王。这幅费尔南多和伊莎贝尔的浮雕肖像,在当时被视为典范,因为它凸现了一种权力的联合。按照文艺复兴时期的美学原则,这两个人物戴着笨重的皇冠对称站立,他们俩之间是位于中轴的国王权杖,他们各伸出一只手握住权杖,摆出亲密拥抱的姿势——共同统治的原则不会允许任何一个艺术家把他们中的任何一方表现得比另一方更大。②

让我们把目光再转回 1492 年 1 月 2 日。这天清晨,西班牙女王伊莎贝尔登上了城外的聂瓦达山。天主教圣母旗帜猎猎作响,降服的格拉纳达国王保布迪尔向伊莎贝尔女王献出王宫的钥匙。卡斯蒂利亚女王完成了收复格拉纳达的使命,从此终结了阿拉伯人在西班牙七个世纪之久的统治。

---

① 〔美〕沃尔特·拉塞尔·米德《上帝与黄金:英国、美国与现代世界的形成》,涂怡超译,社会科学文献出版社 2017 年版,第 33 页。

② 〔英〕费利佩·费尔南德斯—阿梅斯托《西班牙史·不可能的帝国》,潘诚译,中国出版集团东方出版中心 2009 年版,第 119 页。

　　胜利的喜悦之余,西班牙王室立即感受到新的威胁。放眼国内,依旧充满宗教狂热的教会僧侣,掠夺成性、不惮于冒险的骑士集团,这股强大的不安定势力若无新的征服目标加以化泄,极有可能酿成国内战乱,不利于新兴王权的稳固。西班牙王室很快找到了目标。彼时奥斯曼帝国掌控着连接欧亚大陆的枢纽地带,通向传说中拥有无尽财富的东方帝国中国的商路就被扼在伊斯兰教徒手中。

　　众所周知,欧洲中世纪对香料的需求极为显著。日常生活中香料用以保存肉类,香料短缺就意味着肉类变质、食物无以为继。因此,香料在当时与黄金一样贵重。据记载,11世纪人们售卖胡椒时,通常是按"粒"计算,不仅要谨慎地使用天平来精细称量,甚至还要关好门户,以免过堂风吹散贵重的胡椒面。① 那时"胡椒袋"的称谓可以来指代有钱人,胡椒的价值之高几乎可以直接用来买田置地。

　　香料从印度等地辗转进入欧洲,漫长的贸易之路必然决定其价格一路飙升。阿拉伯商队从印度尼西亚群岛的市集买下香料,用独木舟载至马六甲,再沿印度海岸运到当时的接驳地亚丁或者霍尔穆兹。埃及的骆驼商队接手转运,穿越沙漠抵达尼罗河口。威尼斯商船再从那里把香料运回地中海地

---

　　① 〔葡萄牙〕J. H. 萨拉依瓦《葡萄牙简史》,李均报、王全礼译,花山文艺出版社1994年版,第103页。

区。试想一下,印度市集上价格不到 3 杜卡①的花椒,运到开罗时价格已经涨到 68 杜卡,等到了威尼斯市场,其价格竟然飙升到原始价格的 50 倍。这一条漫长的香料之路,造成财富的急剧分化,坐收渔利的地区比如埃及,仅香料过境费一项每年就有数十万杜卡进入国库。

如此金贵的价格,自然而然地激发起欧洲人对香料故乡、富庶东方的无限向往。西班牙王室同样渴望尽快寻找到通往中国的便捷商路,因此王室以夺回基督教"圣地"耶路撒冷为名,试图再度燃起西班牙人的宗教狂热,召集前文提及的所谓狂热势力组成新的"十字军",发动"新的圣战"。若新十字军攻下君士坦丁堡,西班牙帝国不仅可以称霸东西方世界,而且可以通过这条通往中国的新商路,使东方的财富源源不断地流入西班牙。

在这个意义上就不难理解西班牙王室支持哥伦布远航的初衷,伊莎贝尔女王期待哥伦布找到直达中国的航路,以促进同中国及其他东方国家的贸易互动,来筹集组建新十字军的军费开支。因此,费尔南多国王签署了那封致中国"可汗"的"国书"交由哥伦布转达,这个细节也能够证实哥伦布远航的目的地就是欧洲人无限向往的中国。

---

① 杜卡,欧洲当时通行的金币单位。

第二节 地理大发现与帝国初期的海外拓殖

一、王室与航海家的契约

西班牙帝国时期,美洲新大陆等诸多地理大发现的活动都离不开伊莎贝尔女王最强有力的支持。热那亚航海家哥伦布的西航计划曾数度碰壁,葡萄牙国王若昂二世拒绝了他,西班牙女王伊莎贝尔和国王费尔南多起初也是否定的态度,但就在哥伦布失望而返,打算动身前往法国继续游说法王的时候,伊莎贝尔女王改变了心意。她的使者在格拉纳达附近追赶上哥伦布,召他立刻回宫面见女王,进一步商谈航海的具体事项。这个距离格拉纳达10千米的松木桥村,成为哥伦布航海事业的转折点。

欧洲商业文化特有的契约精神,通过西班牙王室与航海家哥伦布之间的谈判得到充分体现。据记载,这场航海计划的谈判进行了足足3个月。哥伦布充分展示了他作为航海家的丰富经验,不断提高航海预算,坚持争取个人权益,而伊莎贝尔女王貌似变身讨价还价的商人,双方不断博弈。经过3个月的反复推敲,王室与航海家终于在1492年4月17日达成最终协议。

按照协议第一条约定,伊莎贝尔女王和费尔南多国王联合任命克里斯托弗·哥伦布为"通过勤奋劳动行将发现或获得的"一切海岛和陆地的统帅,这一条赋予航海殖民者极高权限,继哥伦布发现新大陆之后,更多探险家受此协议条款激励,步哥伦布后尘征航。协议第二条约定,任命克里斯托弗·哥伦布为发现或获得土地上的副王和总督,这一条保证了王室对殖民地的最高控制,海外殖民地的最高统帅也受伊莎贝尔女王和费尔南多国王任命管辖。协议第三条规定,在这些行将发现的地区所获得的黄金、白银等一切物品,克里斯托弗·哥伦布均可保留 1/10,且在运回西班牙时全部予以免税。协议第四条规定,任何涉及这些商品或产品的案件,克里斯托弗·哥伦布或其代理人均可以统帅身份进行裁定。协议第五条规定,克里斯托弗·哥伦布可以向驶往这些新属地的船只收取其利润的 1/8。① 这份协议书切实体现出欧洲商业文明的契约意识。哥伦布首航的初步预算需要 200 万马拉维迪,数额之大令王室咂舌。毕竟当时最好的水手每月才领 3000 马拉维迪,而桑丘·潘萨从堂吉诃德那里每天才领 26 马拉维迪的工钱。为了表示最坚定的支持,伊莎贝尔女王甚至要拿出王冠上的珠宝换钱,帮助哥伦布筹措航海的预算。当然她并不需要付诸实施,这笔巨额预算最终由国家金库和

---

① 〔西班牙〕萨尔瓦多·马达里亚加《哥伦布传》,朱伦译,人民文学出版社 2011 年版,第 137 页。

图 2-1 伊莎贝尔女王和费尔南多国王颁发给哥伦布的特权书首页

图片来源:《哥伦布的大航海时代》,巴塞罗那阿维耶出版社 2002 年版。

银行家们联手解决。

    哥伦布最终可以将航海计划付诸实现,取决于两个决定性因素:其一,他凭借丰富的航海经验使西班牙王室一众决策者信服,他选择的新航路远远胜过葡萄牙人绕道非洲的路线,他的这条新航路将是到达亚洲最快捷的航路;其二,欧洲对香料的需求的确相当迫切,欧洲人做梦都想寻找到亚洲的香料群岛,哥伦布的计划对他们而言具有强大的吸引力。伊莎贝尔女王和费尔南多国王最初收到哥伦布的航海计划时,曾经召集很多专家和贵族官员一起探讨。专家们质疑哥伦布的航路计算和预算开支,讨论的结果使国王和女王举棋不定,这也是西班牙双王最初拒绝哥伦布的原因所在。但完成光复大业后的伊莎贝尔和费尔南多认为,王室有足够的实力来资助这次远航,并借此开始进行海外扩张。显然,这对哥伦布的成功远航起到了决定性作用。伊莎贝尔女王和费尔南多国王最终与哥伦布签署航海协议,这是遵循当时西班牙的商业传统,依据法律并以合同的形式来规范签约双方的义务和责任。正如上述协议条款中所规定的,探险者征服、占领殖民地,履行同王室签署的合同条款,以最高统帅的身份管理殖民地并拥有相应的财权,但殖民地的主权永远属于王室。这份王室与航海家的协议,意味着海外征服的主动权始终牢牢掌控在西班牙王室手中。

二、哥伦布的四次航行与殖民进程

(一)发现新大陆的首航

马可·波罗等早期探险家和传教士们勾勒的东方纪行印象,深刻地影响了地理大发现之前欧洲人对东方的想象,他们把中国、印度、日本等东方国家,视为完全异于欧洲的世外桃源。哥伦布深受马可·波罗影响,也有乌托邦式的东方想象。

1492年8月3日哥伦布从巴罗斯港出发,开始他的首次远航。船队由三艘轻快帆船组成,船员总共不到90人。船只体量不大,分别载有船员40人、27人和21人不等。每艘船上都配有可以发射花岗石重弹的四英寸口径大炮,以及另外一种可以发射较小铅弹的小炮。长于海陆交流的哥伦布还随船装载了一些玻璃珠、鹰脚铃之类小巧廉价的商品,打算到达中国和日本时与当地人交换黄金。

哥伦布预计,船队一直向西,航行大约一周后,将会抵达日本。倘若遇到顺风,航行时间还将大幅缩短。哥伦布和船员们一直渴望亲眼看见马可·波罗游记里的景象,与那些肤色浅淡、衣着华丽的"契丹人"或是"西潘古人"咫尺可见。事与愿违。哥伦布的船队再一次看到陆地,远非一周之内,而是在数月之后。他们在几近绝望的时刻发现了新大陆,而一心寻找东方的哥伦布当时认定它是东方的印度。

哥伦布在航海日记中记录了船队到达古巴北岸的情形。

那已经是航海三个月后的 11 月 2 日。哥伦布写道:"毫无疑义,在这些土地上一定有黄金。船上的印第安人也谈到他们在这些岛上曾找到过黄金,这些话不无道理,因为他们头顶、耳朵、手臂和腿上都戴着非常大的金圈。"①一个月后他们到达今天的海地岛。在哥伦布看来,这处海岛不仅土壤肥沃,而且气候温和、水源充足,能找到他们需要的一切物产。为了纪念西班牙帝国的光荣,哥伦布把这个岛命名为伊斯帕奥拉(Española),意即西班牙岛。他们把大炮搬上海岛,开始安营扎寨,花费一个多月的时间筑起拿必达要塞,自此西班牙帝国拥有了第一个殖民美洲的据点。

哥伦布第一次远航历经 224 天,于次年 3 月 15 日返港。这一次,他们发现了圣·萨尔瓦多、伊斯帕奥拉和古巴等岛屿。

(二)伊斯帕奥拉岛的召唤

哥伦布的成功首航在西班牙帝国各阶层产生轰动效应,国王和女王待之以最高规格的欢迎礼仪。盛誉之下的哥伦布迅速着手筹备第二次海上远征。这一次他打算重返伊斯帕奥拉岛,把首航发现的岛屿统统作为殖民地管理起来。作为殖民地的最高统治者,西班牙国王派出神父贝尔纳多·

---

① 〔西班牙〕哥伦布《孤独与荣誉:哥伦布航海日记》,杨巍译,江苏凤凰出版社 2014 年版,第 37 页。

德·博伊尔(Bernat de Boïl)和一部分传教士随哥伦布出征,要求他们必须使土著居民皈依天主教。

这一次,哥伦布的船队规模和水手人数激增。各行各业的西班牙民众踊跃报名,最终由哥伦布挑选1500名组成船员队伍,分别搭乘17艘帆船,于1493年9月25日从加的斯港出征。待他们抵达伊斯帕奥拉岛时,最初筑造的拿必达要塞已被当地居民破除,甚至留在岛上的殖民者也被杀死。哥伦布迅速离岛西行。船队在一个当地人叫作蒙特·克里斯特的地方上岸,开始在那里建设他们的新据点。这个被哥伦布命名为伊莎伯娜的城市,很快成为西班牙帝国早期殖民时期攫取黄金的重要据点。

除了上述新开发的殖民点,哥伦布率船队顺着克鲁克德岛和福琼岛沿岸往复航行,继续寻找可能存在黄金的地方。上岸后他们看到了为之称奇的景象:遍地奇花异草,飞鸟成群,还有从未见过的蜥蜴等生物。探险者们在这里驻留了四个月之久,以此为据点继续向内陆探险,役使当地的印第安人大肆开采金矿。大量的黄金,燃烧了征服者的欲望,一同到达新大陆的17艘船中,有12艘船于次年2月装载价值3万杜卡的黄金起锚回国。

哥伦布并不满足此次远航的战果。当大部分船只启程返回西班牙之后,他在1494年4月24日率三只船再探古巴岛。他的船队先后探访古巴岛的南岸和北岸,又绕过哈尔登各岛,抵达古巴的西岸。环岛航行之后，哥伦布确定古巴岛屿的地理属性。此间，在古巴岛西岸附近哥伦布发现了皮洛斯岛。之后又发现了南岸附近的布阿尔特·利科岛。从埃纳河口向东前进，发现了多米尼加最大的岛屿绍那岛。

　　第二次航行显然并不顺利。尽管航行五个月，确实也发现了诸如牙买加岛、绍那岛这样的大型岛屿，但这些纯粹的地理发现距探险者的初衷相去甚远。洒满黄金与香料的东方，显得如此遥不可及。哥伦布自己也为疾病所累，长期海上生活导致的风湿性关节炎折磨得他痛不欲生。于是哥伦布决定暂且回国，殖民据点的一切事务暂时交由弟弟巴尔多洛梅处理。

　　1496 年 3 月 10 日哥伦布带领"克尔斯"号和"里亚"号返航，仅搭载船员 200 余人。对比三年前出发时的浩浩荡荡，两艘小船显得如此寒酸，曾经近 2000 人的船队，只剩得寥寥无几的 200 余人与之同行。出发时的风发意气逐渐在第二次远航中消磨殆尽。回国后哥伦布虽然没有提出令人惊喜的报告，但国王却给予诚意的评价。王室的盛情使哥伦布耻于退却，他很快再次提出尽快返回伊斯帕奥拉岛，继续寻找黄金新世界。天主教双王再次同意了他的请求，并给以积极的支持。

（三）渐行渐远的"格拉西亚"

　　哥伦布的第三次航行几乎陷于尴尬的境地。尽管他又一次争取到伊莎贝尔女王和费尔南多国王的大力支持，但却遭到了王室绝大多数成员的冷遇。他们失去了对哥伦布航行探险的兴趣,也决定不再继续投资支持。哥伦布处境微妙,无论是招募海员,还是准备航行的其他事项,每一件事情都是举步维艰。就这样断断续续准备了两年,直到 1498 年 5 月 30 日方才艰难成行。

这一次哥伦布率领六只船,变更了出发港口,改从圣尔加尔港出发。船队先后经过马太那岛、科麦那岛和达埃洛岛。他们在达埃洛岛集体补充给养之后分头航行。其中三艘船直接驶往伊斯帕奥拉岛,哥伦布则带领其他三艘船向南航行。哥伦布的三艘船先后探访了帕尔特群岛、多利里达岛,然后经阿乃那尔海峡,绕道巴利亚湾,到达今天危地马拉境内的巴利亚。哥伦布震惊于巴利亚的如画美景,认为它如同《圣经》上所描述的天堂模样,于是为之命名为格拉西亚(Gloria),西班牙语的意思就是上主的荣耀。

伊斯帕奥拉岛等处殖民地的冲突越演越烈,哥伦布的低效管理遭到弹劾,逐渐失去国王的信任,甚至落到镣铐加身被押送归国的地步。虽然收到哥伦布的陈情书后,国王当面宽解了哥伦布,但却在 1501 年 9 月 30 日任命了伊斯帕奥拉岛的新总督尼古拉斯·德·阿邦多。1502 年 2 月 13 日,新总督赴任的船队体面风光,30 艘大船搭载 2500 多技术人员,从加的斯港出发驶往伊斯帕奥拉岛。至此,哥伦布对美洲第一个殖民地的统治权被取消,他在国王和王室心目中的地位几乎一落千丈。

　　执着的哥伦布在此等境地之下,居然申请第四次远航。而国王竟然同意了他的第四次航海计划。哥伦布的最后一次航行,四艘小船、140余名水手,同样是从加德斯港出发,与新总督阿邦多三个月前的风光相比简直是天壤之别。哥伦布的船队行至圣·多米哥港,与新总督返航的船队狭路相逢。阿邦多不仅拒绝了哥伦布入港躲避风暴的请求,还对哥伦布的善意提醒不屑一顾。当阿邦多的庞大船队驶进迪莫纳海峡时,海上大风暴将他的20多艘船只撞得粉碎,价值20万杜卡的黄金随之沉入海底。

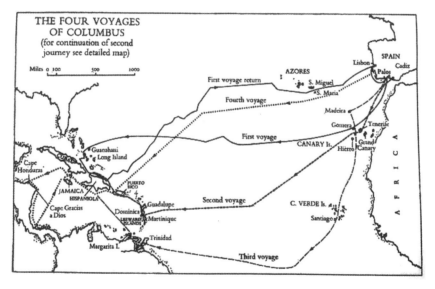

图 2-2　哥伦布四次远航美洲的航线

图片来源:《哥伦布的大航海时代》,巴塞罗那阿维耶出版社 2002 年版。

　　而哥伦布历尽艰苦，终于到达今天的洪都拉斯海岸，并在哥斯达黎加、巴拿马一带进行探险。这期间哥伦布损失掉两艘船，到了 1503 年 4 月航行变得越发艰难，哥伦布决定带领旗舰和"圣地亚哥"号返航。不幸的是，返航途中他们在牙买加触礁，原地停留了一年半之久，好不容易在救援船只的帮助下，从牙买加出发经圣多米科港，辗转回到西班牙。就这样，前后经过两年半的时间，完成了最后一次航行。

　　从 1492～1504 年，12 年间哥伦布四次远航。航船所到之处，无不留下西班牙帝国的殖民烙印。在西班牙人的心目中，哥伦布是伟大的航海家，新大陆的发现者，是海上的传奇英雄。但对海地、古巴、牙买加等地的原住民而言，哥伦布和他的船队打破了原有的秩序，征服、掠夺、杀戮，留给殖民地人民的是屈辱和苦难。

第三节　海洋帝国的文化先行策略

一、命名："语言总是帝国的伴侣"①

　　1492 年，哥伦布发现新大陆的同一年，西班牙语言学家

---

　　① 〔英〕尼古拉斯·奥斯特勒《语言帝国》，章璐译，上海人民出版社 2016 年版，第 59 页。

安东尼奥·德·内弗里哈向伊莎贝尔女王进献了历史上首部
《卡斯蒂利亚语语法》。他在"前言"部分指出,无论是希伯来
语、希腊语,还是拉丁语,都随相应帝国的兴衰而起伏,由此说
明语言总是帝国的伴侣。这一命题的意识形态色彩,正是西
班牙王室及传教士运用语言的力量,对美洲土著人进行殖民
统治,进而实现帝国价值的文化策略,即"古典传统的重生为
殖民扩张提供了合法性"。[①] 西班牙帝国在海外扩张的过程
中,凭借"命名"这一语言的重要表达形式,加速了美洲殖民地
"记忆的殖民化"。[②]

(一)命名的外在形式

从探险到征服,从男性到女性,从社会上层到社会下层,
从阿兹特克东部海岸到腹地都城,命名方式始终受探险与征
服目标的影响。随着征服者接触的土著人口越来越多,到达
的地方越来越深,命名的对象也日趋复杂化,命名的方式也更
加灵活,常常是因人而异、"因地制宜"。就人名来说,有尊称
亦有鄙称,有宗教考虑,也有简便称呼。但受制于传统的天主
教文化及起名惯例,宗教方面始终占据重要地位,这点不但反
映在命名程序上,即先受洗礼后命名,也反映在命名内容上,

---

① 〔阿根廷-美国〕瓦尔特·米尼奥罗《文艺复兴的隐暗面:识字教育、地域性
与殖民化》,魏然译,北京大学出版社 2016 年版,第 14~17 页。

② 郑渝川《被掩盖的殖民血腥史》,《文汇读书周报》2016 年 5 月 16 日第六
版。

即宗教名字占有较大比重。就地名来说,或考虑单一方面,如地理、文化、军事等,或考虑多种方面相叠加,如宗教与军事因素相结合。无论是人名上的因人而异,还是地名上的"因地制宜",归根到底,都是有利于探险征服活动统一高效进行。

1. 人名:取自《圣经》或借用伴征

据《信史》记载,在探险和征服活动中,抓获的土著人在受洗取名后,常用来充当翻译。翻译梅尔乔即是一例。他的名字可能取自《圣经》新约《马太福音》中所记载的某位"东方博士"。后来在跟随科尔特斯的征服中,他在战斗中趁机逃跑,并很可能因不够忠诚,而获得了鄙称"梅尔乔雷霍"。在科尔特斯夺取了塔巴斯科村及附近地区后,当地部落酋长送来20名土著妇女,在科尔特斯的要求下,她们全都皈依基督教,并且拥有自己的名字,由此成为新西班牙最早的女基督徒。其中有一名妇女非常出众,受洗后取名为堂娜玛里娜(Doña Marina),Marina 这一名字可能由神父名字 Cortés、Matín、Cristina 混合产生,她后来成为科尔特斯的情人兼翻译。除土著妇女外,也有酋长的儿子经受洗后成为基督徒,并重新取名。

为命名方便,借用身体特征及土著语音也会成为重要的命名方式。如有的酋长因体形肥胖,被称为"胖酋长";又比如有的土著人被称为"洛佩卢西奥人",这是托托纳卡语,意为"大人、尊敬的大人"之意。这些土著人初次见科尔特斯时,用"洛佩卢西奥人"称呼他,结果反被以此命名。"洛佩卢西奥人"的语言、服饰与墨西哥人不同,并且与当时阿兹特克的最高统治者蒙特苏马之间存有矛盾。

2. 地名:类比故乡或宣示主权

相较于人名,地名的命名方式更为多样,地理、文化、军事、家乡、发现权等都会成为命名时的参照因素。在地理方面,曾有滩地因鳄鱼较多而被称作鳄鱼滩,也有白沙铺地的海岛被称作白岛,相应的,树木葱郁的海岛则被称为绿岛。在文化方面,宗教再次展现了它的影响力,拉撒路村便是因探险船队在拉撒路日登陆而得名。在军事方面,波通昌村成为与印第安人恶战的代名词。在个人发现权方面,探险者曾将一条河流以当时的统帅格里哈尔瓦命名,他们认为是统帅发现了这条河流,并以此取代原有的名称塔巴斯科河,而后者则是附近村庄的酋长之名。类比家乡的城镇也是重要的命名方式。在随科尔特斯向特诺奇蒂特兰城进发的过程中,某个村子的平屋顶刷得很白,并且酋长的房屋和神堂全都高大整洁,这使得队伍中的葡萄牙士兵想起了家乡的卡斯蒂尔布兰科镇,认为二者很像,于是就将这个村子命名为卡斯蒂尔布兰科村。

除上述原因外,也有些地名是多方面因素叠加产生的。只存有直观感受与大致印象。相关命名也仅是为了实用方便、易于标记,诸如鳄鱼滩、白岛、绿岛等体现得尤为明显。这样的命名方式实际也与探险者的航海目的有关,其目的不在于深究某地,而在于初步探险,摸清海况,探查港口,绘制海图,了解大概,从而为后续的征服与殖民活动铺垫。随着以后征服活动的扩展,大量土著地与人名不断涌现,考虑到要及早进入特诺奇蒂特兰城,为使用方便,征服者开始更多借用土著语音开展命名活动。

(二)命名的内在含义

1. 命名体现宗教色彩

就地名而言,诸如拉撒路村、圣玛利亚德拉维多利亚以及圣胡安德乌卢阿都体现出这一点,并且宗教人物圣玛利亚以及宗教节日圣胡安节都是作为地名的前半段融入其中,足见宗教在命名者心目中的地位,这些名称实际上是延续自中世纪的宗教观念与征服者在新大陆的经历相结合的产物,是自身文化背景在新大陆的能动反映。就人名而言,取得名字的先决条件是接受洗礼,皈依基督教,否则便无从起名。无论是地名,还是人名,它们都是早期征服者将军事实力与宗教观念相结合,进而迫使土著人进行宗教文化认同的阶段性成果,因此,命名也是文化征服的产物。简而言之,命名是身份与文化认同的标志。

2. 命名体现征服者意志

以统帅之名命名的格里哈尔瓦河,以指挥官之名命名的圣胡安德乌卢阿等,都体现出这一特点。一方面这是由于欧洲中世纪传统的封建等级观念在当时尚未丧失；另一方面则是由于探险、征服队伍内部所实行的相对严格的等级制度。凭借此种制度，军事长官获得了较大权力，而普通成员的财富、荣誉甚至是生命等核心利益都与长官息息相关。由此，军事长官获得了非同寻常的重要地位，而队伍的凝聚力与战斗力也得以保障，最终使征服活动高效统一进行。在征服过程中，作为征服队伍的首领，科尔特斯便多次惩罚不忠诚的士兵。正是在这种制度及中世纪封建等级观念的影响下，集体的发现权往往归结到长官一人身上，进而在命名主导权上有所体现。

3. 命名体现伊比利亚半岛气息

卡斯蒂尔布兰科村、拉兰布拉、塞维利亚等都体现出这一点。很多探险者及征服者文化水平一般，冒着生命危险来到新大陆，参与探险及征服活动，主要目的在于获得黄金，实现"发财梦"。因此，他们缺乏对新大陆进行深入考察与分析的原动力，只能抓住表面的相似之处，运用头脑中原有的地理空间概念，进行满足自身航海与征服需要的简单命名。就人名而言，梅尔乔、梅尔乔雷霍、堂娜玛里娜等，都带有不同于土著文化的西班牙色彩。由此看出，命名活动实际成为构建西方文化中心论的重要手段。

4. 命名体现差别化对待

虽然形式上存在有无"堂"或"堂娜"的差别，但实际上，这不仅和土著人原有的社会地位相关,也和征服者所要表达的尊敬之意及土著人的忠诚度相关,更为重要的是与土著人所具有的利用价值的大小密切相关,与征服目标和策略密切相关。对于征服活动,从人数上讲,早期征服者并不占优势,因他们要想成功就需要利用土著社会的原有矛盾,通过分化瓦解土著人以达壮大自身之效。对此种策略,科尔特斯在给西班牙国王查理五世的信件中并不讳言。因此,除非土著人主动进攻或者背叛,征服者都极少激怒他们。相反,为了获取金银和传播基督教,征服者一直尽力与他们维持良好关系,并对皈依的土著人不轻易给予蔑称,而且对酋长子女多冠以尊称,以此来进一步拉拢土著社会上层,增强对整个土著社会的影响力,从而为征服目标服务。

5. 命名体现出征服者的自我中心

用以宗教节日命名的拉撒路,取代原村落名坎佩切,用以统帅之名命名的格里哈尔瓦河,取代以酋长之名命名的塔巴斯科河,即便借用土著语音命名,而字母则是本民族的。一方面是由于双方语言文化的隔膜所致,在实际操作中,征服者只能借助自身的文化背景认识新大陆;另一方面,也是征服者自我中心的表现。这种自我中心的出现,既与当时文艺复兴促进个人主义的发展有关,也与征服者强烈的宗教信念有关。在他们看来,新大陆是他们发财与传播天主教的地方,是他们获得名利的地方,是他们的个人主义得以伸张的地方,所以在命名中流露出主导倾向。

总之,影响命名内涵的几大因素是:以自我为中心的立场、探险与征服的目标、相对强大的军备优势、天主教文化观念以及相对缺乏的新大陆认知。若将这几大因素串联起来,便可发现,命名本身实际体现出探险者与征服者以自我为中心,凭军事优势将自身的活动目的以及充满地域色彩的文化观念融入新大陆的过程。而在这一过程中,征服者一方面以灵活的命名方式为外在手段;另一方面以命名中所蕴含的丰富含义为内在支撑,在征服活动中发挥了众多基础性的作用。

(三)命名的重要作用

1. 航海导向

早期探险者将得来的地名标记于航海图上,为后续开展征服及殖民活动提供了有力的导向与支撑。正如科尔特斯对蒙特苏马所说的,"那些人来探明路线、海域和港口,他们把一切探明,我们才能像现在这样,在他们之后前来"。这里说的他们即指早期探险者。由此可见,命名对于征服与殖民活动具有航海导向的意义。但是,对于"新大陆"的地理认知,往往不是一蹴而就的,先前的偏差需要在后续探险及征服活动中加以改进。如在第二次探险过程中,船队驶进一条"很宽的河流",由于司舵误将河两边的陆地看作岛屿,并将这片宽阔的水域视作分界线,因此,这片水域便被称作"界河口",并被标记在海图上。但后续的探查表明,此处是一个良港,原先的岛屿实为陆地。

2. 辨别敌友

由于命名本身在很大程度上需要凝聚集体的意志,形成对某地或某人的一般性看法,使命名结果具备相当的权威性与参考性,从而对征服与殖民活动具有指导意义。比如在首次探险活动中,探险队与土著人在波通昌村展开大战,损失惨重,该地由此获得"恶战海岸"的名称;到第二次探险活动时,由于吸取上次的经验教训,探险队在战斗中便没有陷入过分被动;到科尔特斯率队征服时,众人对此处的"恶战"印象演变成复仇心理,只是由于风向的原因,才未能靠岸大战一场。由于命名本身实际是区分自身与他者的过程,这对于探险者、征服者凝聚自身力量,区分外在的"敌人"与"朋友",并在此基础上团结真正的朋友以打击真正的敌人,具有重要意义。就地名来说,"洛佩卢西奥人"所在的村落便是科尔特斯需要拉拢的对象,而享有"恶战海岸"之名的波通昌村便成为科尔特斯想要复仇的对象;就人名来说,改信基督教并拥有教名的人要比其他的未改信基督教的人更受征服者的亲近与依靠,但在改宗的人当中,堂娜玛里娜是受尊敬与优待的对象,而"梅尔乔雷霍"则是受鄙视的对象。

3. 价值引导

通过命名,早期的探险者及征服者构建起他们关于新大陆的众多认知支点,借助于这些支点及其背后的文化内涵逐渐构建起一幅迥异于土著人的且服务于征服目的的"新大陆"文化景观图;并且,这些认知支点在日常谈话及域外通信中实际转变为信息交流的支点,表达、传播、协调征服队伍对殖民地社会的相关看法。

比如,提及位于墨西哥城中特拉特洛尔科广场上的大市场,征服者呈现的是一幅面积广大、人员众多、物品繁盛、井然有序的景象,以至于他们不得不感叹:"我们当中有些兵士去过世界各地好多地方,他们却说,从君士坦丁堡走到意大利罗马,都未曾见到过这样的市场——面积之大、布局之合理,人众之多、管理之井然,世所未见。"①并且,通过科尔特斯的书信,征服者将此种印象传递给了当时西班牙的国王查理五世。通过命名,早期探险者及征服者将西班牙文化特别是宗教与语言文化,传播到阿兹特克"帝国",实现军事征服与文化征服的同步。科尔特斯等人利用军事优势,把握历史契机,不但趁机捣毁了一些村落或城镇的宗教设施,而且尽可能强令土著上层人士改信耶稣,拥有教名,以此对当地社会产生示范效应,进而打破原有的土著信仰,传播基督教文化。值得注意的是,随着时代变迁,源自征服时期的某些名称,实际成为带有鲜明价值判断的文化符号。

---

① 〔西班牙〕贝尔纳尔·迪亚斯·德尔·卡斯蒂略《征服新西班牙信史》,江禾译,商务印书馆 2009 年版,第 119 页。

在探险与征服活动中,命名具有航海导向、经验指导、辨别敌友、信息交流、文化传播等五大作用,对探险及征服活动不断产生基础性影响。值得注意的是,命名作为系统性征服活动的一部分,其作用的发挥,既具有独立性,又具有依附性。探险及征服活动需要将新大陆纳入逐渐兴起的西班牙帝国的社会及文化体系中,而命名是不可或缺的。它可以渗透到探险及征服活动的各个领域,发挥独立作用。但是,必须和探险及征服活动的方方面面相结合,才能展现出自身的价值,哪怕是一枝用于绘制航海图的笔,它都难以离开,更遑论它对征服目的、策略及技术等方面的依赖。因此,只有将命名置于整个探险及征服活动之中,才能更好地认识它的作用。

虽然命名的方式因人而异、因地而异,但共同点都强调天主教因素;虽然命名的内涵丰富多彩,但核心在于欧洲的中心主义;虽然命名的作用广泛深入,但关键在于服务征服活动。从方式到内涵再到作用,围绕着命名,在层层递进中折射出一条不对等的主客体关系。代表西方文明的探险者及征服者掌握命名的主导权,而代表土著文明的美洲人则处于被命名的客体位置。命名中所暗含的这种不对等关系,既是历史上征服进程的缩影,也是后世西方霸权的源头,而其中所暗含的欧洲中心主义的思维方式,更是值得警惕与关注,其实质与 19 世纪以来兴起的欧洲中心论可谓一脉相承,如出一辙,彰显了欧洲强国的话语霸权,且有意或无意宣扬欧洲文化的独特性与优越性,是西方人看世界的结果。①

二、造神:文学凝聚价值认同

(一)堂吉诃德式的航海英雄

评价哥伦布这样一个历史人物,犹如我们回望人类历史长河中的那些稍纵即逝的灵魂,或是那些发出永恒光芒的传奇。这些人物,以及与之相关的历史事件,从来都是互相依存、互相影响的。正是这些貌似孤立存在的事件,串联起人类历史的链条,体现着一切社会关系的总和。从这个意义上来说,评价哥伦布远远不如评价他的航海实践更有意义。哥伦布既带有同时代人的一些共性,也保有自身经历所造就的素质和气质;他的航海行为的确具有个人动机,而其动机背后的原因更耐人寻味。我们应当看到地理大发现对欧美两块大陆的文明汇合所产生的影响,更要认识到欧洲与美洲两大陆文明的汇合在世界历史进程中发挥了怎样的重要作用。

新航路的开辟,新大陆的探险,不断加速了欧洲大陆与美洲新大陆之间的联系。这种变革催化了世界性的资本主义市场的形成,加速了世界经济中心的转移。新旧大陆的联系在促成资本主义原始积累的同时,也在瓦解欧洲封建主义的最

---

① 〔英〕尼古拉斯·奥斯特勒《语言帝国》,章璐译,上海人民出版社 2016 年版,第 79~80 页。

后阵营。人类历史的每一次进步,都蕴藏在危机之中。从人类总体发展史的角度来看,美洲的发现对于人类各方面的进步曾起到一种巨大的刺激作用,一个新的种族和文化的共同体随之逐渐形成。①

伟大变革的时代呼唤属于它的历史人物。哥伦布生逢大航海时代,他对海洋的执着,对航海技术的领悟力,塑造了他有别于其他航海家的独特气质。哥伦布的真正学校是大海、几乎从不间断的战争、司空见惯的勇敢举动、危险和拼命。哥伦布14岁就成为职业海员,在昂儒为反对阿拉贡而武装起来的海盗船上效力。根据当时的习惯,他一边打仗,一边还做点生意;如果猎物值得一抢,如果受害者是异教徒或敌人,也还时常犯下一些海盗行径。这样考虑问题,除了可以解释他在21岁便有指挥一条船的航海经验外,还可以很容易地去解释他在日记和通信中显露的和表明的对西奥的了解。这位从10岁开始出海,到14岁过上海员生活的进取者,在港口之间来来往往的航途中逐步形成了他的天文学观念。他没有把自己的天文学知识归功于托勒密,他说是上帝给了他天文学知识,仅此而已;他的编年史还表明,这些知识并不是在学校里学到的,而是在与博学人士的接触中获得的。我们不要忘记,那些生平值得一书的人们都具有非同寻常的天赋,他们都有迅速

① 〔美〕威廉·福斯特《美洲政治史纲》,冯明方译,人民文学出版社1956年版,第79~82页。

掌握自己特别偏爱的职业所需要的知识的能力。哥伦布也不例外。航海并非都是辛苦,在南方那日光照射的大海里,航海者经常享受到美好的时刻。蓝天绿水的地中海,是克里斯托弗的真正大学。船上不缺少历史书和占星书,没书看的时候,这位对知识如饥似渴的青年肯定会去向摩尔人和犹太人寻找的。哥伦布的信心比阳光更加炽热。"凭着这股热情,我来为陛下效力了",哥伦布 1503 年写信给天主教国王们时这样说。这种内心的热情,要比从书本上和旅途中得到的任何真实的或想象的东西更有力量,它是哥伦布献身自己事业的真正动因。①

人类经过几个世纪的探索,不断积淀对自然界的认识与实践的经验。哥伦布探险新大陆的成功,不仅仅是他作为航海家的荣耀,更是标志着人类认识世界的能力又一次达到了质的飞跃。大航海时代为所有航海家提供了机遇。哥伦布在丰富的航海经历中经受磨砺,他具有强烈的使命感,正是这样的品格促使他抓住了这一历史机遇。哥伦布四次远航的遭遇各不相同,他个人的经历也投射出时代的缩影。

(二)《航海日记》与"伊比利亚旋风"

发现美洲新大陆之后,西班牙早期殖民者发动了一系列

---

① 〔西班牙〕萨尔瓦多·德·马达里亚加《哥伦布传》,朱伦译,人民文学出版社 2011 年版,第 109、131~140 页。

征服土著居民的战争。最初的征服性殖民发生在 1492 年 12 月。从哥伦布在海地岛建立了第一个殖民点，直至迭戈·贝拉斯克斯 1511 年占领古巴。西班牙殖民者在这块"新大陆"上历时 19 年，最终建立起一个远离本土的庞大殖民帝国。殖民者的大炮和刀剑毁掉了加勒比人氏族部落生活的秩序，殖民者的欺骗、掠夺和屠杀，必然激起加勒比人的强烈抵抗。然而在这场弓箭对阵刀枪、石器对阵铁器的较量中，力量悬殊的土著居民无法逃脱被征服的命运。天主教神父拉斯·卡萨斯在《西印度毁灭述略》中记录，在西班牙殖民美洲的数十年内，有 1200 万到 1500 万的印第安人被杀害。① 尽管学界有声音质疑这个数字的准确性，但早期殖民者在征服战争中残杀大批土著居民的事实，却是不可否认的。

然而，这个不争的残酷事实却在西班牙帝国崛起之初被合理美化了。西班牙帝国凭借文化先行策略的有效实施，通过制造哥伦布航海日记的热烈反响，凝聚了社会各阶层的利益需求和精神诉求，隐蔽起帝国海外殖民的残暴行径和扩张野心，使帝国时期的海外拓殖成为合情合法、众志成城的英雄行为。

踏上新大陆的哥伦布在《航海日记》和致卡斯蒂利亚女王的信札、奏呈中，对新大陆这片土地极尽赞美之词，在他的描

---

① 〔西班牙〕巴托洛梅·德拉斯·卡萨斯《西印度毁灭述略》，孙家堃译，商务印书馆 1988 年版，第 102 页。

绘中到处都是风景如画、物产丰饶,犹如《圣经》中的人间天堂一般。"尤其是伊斯帕尼奥岛①,简直如同仙境。这里深水环绕,河流交错,令人称奇。内陆高山入云,连绵不绝……万千植物四季常青,宛如沐浴在西班牙五月的春风。"②

哥伦布在美洲土地上发现的第一个岛屿,即刻心安理得地以"西班牙"命名。

"凌晨两点,陆地终于在大约两里格之外显现了。众人将所有的帆都收了下来,只保留主帆——无副帆的方帆,迎风停泊只等天亮。此时已是礼拜五,船队抵达了卢卡约群岛中的一座小岛(在印第安语中叫作瓜纳哈尼)刚一上岛,众人就碰见一群赤身裸体人,无奈之下,我们只好乘全副武装的小船上岸。三人看到岛上树木茂盛,水源充足,水果种类多不胜数。司令召集两位船长和其他登岛的水手,又把船队的两位记录员叫来,要求他们诚实地充当见证人:他以主人国王和王后之名义,正式将该岛占领。他还按要求做出了相关声明,内容均被详细地记录在案。不久,许多岛民纷纷走近前来。"③

哥伦布字里行间兴高采烈,惊讶于新大陆的奇特树种,甚

---

① 伊斯帕尼奥岛,即西班牙岛,现在的圣多明哥。因西班牙殖民者后来发现了真正的陆地,遂将今墨西哥一带命名为新西班牙。

② 〔西班牙〕哥伦布《孤独与荣誉:哥伦布航海日记》,杨巍译,江苏凤凰出版社2014年版,第51页。

③ 〔西班牙〕哥伦布《孤独与荣誉:哥伦布航海日记》,杨巍译,江苏凤凰出版社2014年版,第34页。

至每每发出孩子般的欢呼。"有的树叶多达五六种,别以为那是嫁接的结果……"那是美洲热带丛林的自然现象,是各种寄生植物相互交叉而生。他还写道,"这里的鱼儿色彩斑斓、不同凡响,有的甚至比最最漂亮的公鸡还要鲜艳"。他热情洋溢地向伊莎贝尔女王和费尔南多国王介绍印第安人,"印度人古道热肠,毫不吝啬,全世界没有比他们更好的人了"。在信札中,哥伦布把美洲描写成遍地是金的"黄金国","河流中的黄金俯拾皆是,随手就能捞起一把,(船员们)欣喜若狂,纷纷跑来向我报告,他们说得神乎其神,连我也感到震惊,更不敢向陛下您如实禀报……"①

总之,哥伦布的《航海日记》满足了人类长期以来对海洋的征服欲望和对异域世界的种种向往。日记和信札里包蕴了海洋冒险故事的基本构成要素,即:人、海、船、岛。无论是在海上漂泊历险的哥伦布和水手们,还是在伊比利亚陆地上阅读信札的西班牙人,都在一种想象的狂欢中获得了冒险的体验。海洋,取代了陆地生存的确定性法则,代之以海洋探险的可能性法则,这也是大航海时代赋予人类最重要的精神馈赠之一。

哥伦布的航海日记和信札在 1493 年出版,旋即被译成各种版本,以史无前例的速度传播至整个欧洲,一时间"洛阳纸

---

① 〔西班牙〕哥伦布《孤独与荣誉:哥伦布航海日记》,杨巍译,江苏凤凰出版社 2014 年版,第 77 页。

贵"。欧洲人忘情地阅读航海日记,他们在哥伦布的文字中重温了柏拉图的亚特兰蒂斯、马可·波罗的东方神话和骑士小说的种种玄想,甚至验证了《圣经》中先知先觉们关于福地的预言。从国王到平民,即使最不轻信的人也无法抵御哥伦布带来的这一历史性狂热。欣喜若狂的西班牙人更把哥伦布奉为民族英雄,远航归来的哥伦布,所到之处皆是狂热的拥趸。哥伦布用《航海日记》《信札》和《奏呈》这些记录,唤醒了欧洲人的想象力和蛰伏的冒险精神。借用约翰逊博士的话说,《航海日记》犹如"伊比利亚旋风",哥伦布"苏醒了欧洲人的好奇心"。①

在这场席卷伊比利亚的旋风中,西班牙王室始终是清醒的。正如布迪厄在阐释"场域"这一概念时所提到,"社会中每一个主体(或称行动者)通过自己特定的实践,形成一定的习性,创造和积累一种有优势的资本,从而在高度分化的社会的某个领域内占据自己的一席之地"。② 海洋,作为记录殖民记忆的场域,实现了西班牙帝国各阶层的共谋。主体一旦进入某个特定场域,就会获得这个场域所特有的行为和语言代码。在这个过程中,习性将引导他将场域建构成一个充满意义的世界,一个被赋予了感觉和价值、并且值得去投入的世界。

---

① 〔西班牙〕萨尔瓦多·德·马达里亚加《哥伦布传》,朱伦译,人民文学出版社2011年版,第120页。

② 〔法〕皮埃尔·布迪厄《实践与反思》,李猛译,中央编译出版社1998年版,第134页。

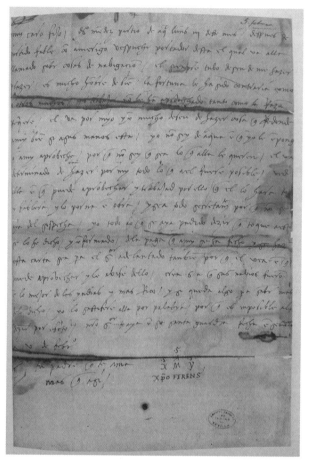

图 2-3　哥伦布航海日记手迹，此内容是写给儿子迭戈的信

图片来源：《哥伦布的大航海时代》，巴塞罗那阿维耶出版社 2002 年版。

　　以此类推，帝国文化先行策略格局中的哥伦布，不仅以航海冒险实践了帝国扩张的野心，他的一系列行为也被塑造为海洋时代特定的英雄符码。由此可见，制造航海日记迅速播散的文化现象，营造航海英雄归乡的万人空巷，西班牙帝国主动寻求海洋强权的这种文化策略,显然在帝国扩张时期是行之有效的。这不仅凝聚了社会各阶层的利益需求和精神诉求,而且有效地隐蔽了帝国海外殖民的残暴行径和扩张野心,使海外拓殖成为合情合法、众志成城的英雄行为,并逐步构建起帝国上升时期的宏大想象。

第三章　16 世纪西班牙帝国的海洋贸易与空间同化策略

空间一向是被各种历史的、自然的元素模塑铸造，但这个铸造过程是一个政治化的过程。空间是一种真正充斥着各种意识形态的产物。①

——亨利·列斐伏尔

16 世纪西班牙帝国开启一种崭新的跨洋贸易，商品、资本、思想等要素自由流动，改变着帝国框架内外一切可以触碰

---

① 包亚明《现代性：空间的生产》，上海教育出版社 2003 年版，第 48 页。

到的地方,潜移默化地塑造了西班牙人日常生活的海洋性。西班牙帝国一面追求全球殖民的经济利益,一面渴望实现对殖民地政治和文化上的控制。这一时期,城市作为帝国全球贸易网络上的节点,其功能被大大凸显。无论是在西班牙本土,还是在遥远的美洲殖民地,帝国统治的合法性和权威性通过城市空间的规训功能得以强化,建筑和仪式都成为帝国权力的隐喻。

第一节 大帆船贸易与帝国海洋经济

一、新航路开辟与马尼拉大帆船贸易

新大陆的发现对西班牙帝国而言,无疑是一件开天辟地的大事。在哥伦布发现美洲以前,葡萄牙几乎是当时所知的世界最西端。"一直向西航行,就能到达东方",这是佛罗伦萨地理学家托斯卡内利的思想。哥伦布就是凭着这种思想以及西班牙国王的支持,开始了划时代的航行。

1521 年麦哲伦的环球航行贯通了太平洋的东西航道,促使 16 世纪环太平洋的海上贸易随之产生深刻变化。为了实现跨洋贸易和海外殖民的需要,航海家们仍在太平洋上四处探险,不断开辟出一些新航道。在这样的情势之下,环太平洋的贸易网络逐渐形成,而西班牙帝国的大帆船贸易则占据着整个贸易网中的关键位置。

西班牙帝国在亚洲拓殖的第一处是菲律宾岛。征服菲律宾之后,西班牙人将其变成连接东西太平洋的贸易中转站。中国商人把西太平洋各地的物产货品运到菲律宾,西班牙人再将其运往美洲殖民地出售;尔后,再把墨西哥、秘鲁等西班牙美洲殖民地盛产的白银运回菲律宾。著名的"马尼拉大帆船"贸易就是在这种殖民需要的前提下应运而生,而那条促成全球性贸易的商船航行路线则是西班牙人往返菲律宾岛和美洲殖民地的便利通道。马尼拉大帆船贸易的航路充分利用了太平洋一些重要洋流,商船根据洋流的变化周期,定期往返东西太平洋。商船一般在西南风季从马尼拉港出发,经吕宋岛北端转向东北,沿日本海沿岸顺洋流北上,行至北纬40度附近利用太平洋黑潮,穿越太平洋到达北美,再顺着加利福尼亚海岸南下航行,驶入墨西哥阿卡普尔科港。返回时商船通常沿着北纬10度至15度之间的航道向西行驶,经过拿骚群岛和关岛,回到菲律宾。① 从1573年首次试航成功后,著名的马尼拉大帆船贸易就徐徐拉开了帷幕。

大帆船贸易的兴起,在一定程度上促进了太平洋两端地区的经济发展和社会交流。16世纪后期,往来马尼拉的中国

---

① W. L. Shurtz: *The Manila Galloen*, American Academic Press, 1995, p47.

商船每年超过 40 艘之多,除了中国商船之外,日本、暹罗等地的商队也云集于此,马尼拉一跃成为西太平洋最重要的贸易集散地之一。马尼拉的市场上聚集着来自中国的丝绸、茶叶和瓷器,马六甲商人运来胡椒粉和生姜,锡兰商人带来肉桂,帝汶的檀香木、班达的豆蔻纷纷涌入,再从马尼拉流向西班牙美洲殖民地。与此同时,从美洲运回来的大量白银在马尼拉中转,进入中国等西太平洋国家。据统计,1575～1583 年间每年由阿卡普尔科港驶往马尼拉的大帆船约有 20 艘,若以载重量千吨左右计算,大致可以推算出贸易规模,遑论其中不乏大型商船,其载重量已达 2000 多吨。①

大帆船贸易不仅带动了太平洋两岸物产的交流,也在一定程度上促进了美洲港口城市的兴起。作为马尼拉大帆船贸易的美洲终端,墨西哥阿卡普尔科逐渐发展成当时美洲最具规模的贸易都会。无论是从墨西哥城、秘鲁利马等地赶来的西班牙商人,还是携带着土特产品的印第安人,他们驾船沿太平洋海岸来到阿卡普尔科,卸下水银、可可和银币,再从这里带走来自东方的丝绸、香料和细棉布。与此同时,大帆船经过的美洲沿岸地区,如利马、圣迭戈和蒙特雷等,也陆续发展成为通商口岸。到 16 世纪末,从东方运抵美洲的货物总值已经超过西班牙宗主国向美洲殖民地输入的货物总值,美洲大陆

---

① W. L. Shurtz: *The Manila Galloen*, American Academic Press, 1995, p71.

成为太平洋贸易的主体组成部分。显而易见,大帆船贸易的开通,大大加强了西班牙殖民地拉丁美洲各地与太平洋的经济联系。在此期间,西班牙人也在澳门、长崎、马六甲以及印度果阿等地开展殖民贸易,相应获得了丰厚的利润。

亚当·斯密在《国富论》中发表过浓厚的欧洲中心主义色彩的评述:"发现美洲和打通经好望角通往东印度的航线,算得上人类历史最重要的两个事件。"①诚然,全球探险和贸易活动促成了人们对世界的整体认知,以上描述的经验在人类认识自身环境的过程里,确实具有划时代的里程碑意义。然而,正如达·伽马远航到达印度时所说,只为了香料和基督徒而来。他的话从另一个侧面证明,地理大发现的原初动力无外乎商业利益和宗教传播。

西班牙帝国在开通大帆船贸易之后,着手打通欧亚海陆间贸易的新路线。16世纪早期,欧亚贸易路线一般采用的是陆路的丝绸之路和海上香料之路。丝绸之路运输距离较长,容易受到沿途地区战乱影响,而且载运量有限;海上丝绸之路是指从印度洋沿岸港口出发,经阿拉伯海再转陆路运输至地中海地区,虽然克服了载运量的局限,但沿途时时受制于阿拉伯人和热那亚人的管辖。因此,西班牙人以印度果阿为据点,控制了原有的欧亚陆海贸易线,打破了既往的贸易格局。据

---

① 〔英〕亚当·斯密《国富论》(上卷),郭大力、王亚南译,商务印书馆2014年版,第282页。

记载,通过欧亚新航路运输的货品,仅胡椒和香料就占欧洲消费总量的75％以上。跨洋贸易已成为西班牙帝国最重要的税收来源。数据显示,1506年由海外贸易直接和间接返回的收益占国家总收入的65％;1518～1519年这一比例上升至68％。其中,仅从亚洲进口胡椒和香料而获得的收入,就超过了西班牙国内的整体税收总额。[1] 凭借海外扩张和全球贸易的运行,西班牙帝国在不断积累城市化发展的财富资本,帝国迅速迈进"黄金世纪"。

二、海洋贸易政策与"黄金漏斗"的隐患

16世纪西班牙人的海外贸易一方面依靠垄断墨西哥湾,从美洲掠夺贩运金银等贵金属,一方面利用欧亚新航路与亚洲地区开展大规模贸易。除了实物买卖和白银交易以外,西班牙人还从欧亚新航路的贯通中发现了新的贸易形式,即海陆征税和居间贸易。在欧亚新航路开通以前,若是葡萄牙商人想从印度把香料运回地中海,得花上一年左右的时间,但启用西班牙人的欧亚线路,只需一个月把货运到中国即可,而且获利相当丰厚。当然,前提是向欧亚海陆线上的西班牙各贸易据点缴纳税收。通过这种方式西班牙人的殖民据点得以自给自足。

---

① Disney A. R. : *A History of Spain*, Cambridge University Press, 2009, p120.

与此同时,西班牙商人在全球贸易网络中发现不同地区的供求需要,利用商机居间贸易,摆脱长距离的本土实物交易。且看16世纪西班牙商人在中国与日本之间的贸易手段——他们把炙手可热的中国瓷器和丝绸销往日本,再把日本生产的白银运到中国。把握商机的西班牙人无须依赖欧洲的货源,通过居间贸易即可获得丰厚的回报。就像弗兰克说的,当时欧洲商人的货舱里装的不是欧洲产品,而是中国的瓷器和丝绸。① 交织共存的贸易关系是全球贸易圈的典型特征,西班牙商人通过居间贸易,连接起不同的生产区域,一定程度上促进了全球贸易网络的形成。

在西班牙帝国的海洋贸易驱使下,地中海沿岸的港口城市贸易活动迅速发展,横越大西洋的贸易数额发生了闪电式的发展。根据全球性贸易结构的变化,西班牙帝国在16世纪相应实施了新的贸易政策。

(一)居间获利:设立"西印度贸易所"

1503年,西班牙南部港口城市塞维利亚设立了"西印度贸易所",作为王室管理美洲殖民地贸易的据点。众所周知,西班牙在美洲的贸易实质上就是贵金属贸易,因此,所谓"西印度贸易所"并不负责经营实物贸易,实则是西班牙王室控制

---

① 〔德〕贡德·弗兰克《白银资本:重视经济全球化中的东方》,刘北成译,中央编译出版社2000年版,第232页。

贵金属贸易的关卡。它负责接收、登记金银数目,然后划出1/5作为税收,归入国王的金库。①

16世纪从美洲进入西班牙的金银数量持续增长。E·J·汉密尔顿教授根据塞维利亚西印度贸易所博物馆的馆藏记录,曾对当时西印度贸易所的金银输入做了较为详细的统计。从他的统计中可知,1503～1660年间总计约有1600吨白银运抵塞维利亚,几乎是欧洲本土白银资源的三倍;而进入塞维利亚的黄金约有185吨,促使欧洲的黄金供应增加了1/5。② 这些统计数字主要来自塞维利亚西印度贸易所的官方记录,而据英国人在1586年的见闻录里所述,进入塞维利亚的船队实际运进西班牙的金银数目通常都是他们申报数目的两倍以上。无论是官方还是民间的说法,有一点毋庸置疑,那就是西班牙帝国的确从美洲的金银贸易中获得了巨大财富。

为了垄断美洲贵金属交易,西班牙统治者不断颁布禁令,严禁外国商人插足美洲贸易。查理五世执政期间,一度放宽禁令,允许属于西班牙辖属领土的臣民进入美洲进行贸易。但这一政策在西班牙工商业主的极力反对之下不了了之。查理五世重新恢复之前的禁令,甚至在1538年颁布更为严苛的

105

---

① Disney A. R.: *A History of Spain*, Cambridge University Press, 2009, p131.

② 〔德〕贡德·弗兰克《白银资本:重视经济全球化中的东方》,刘北成译,中央编译出版社2000年版,第227页。

规定:禁止一切外国人进入西班牙美洲殖民地。在利益的驱使下,宗主国西班牙之外的欧洲人转而进行走私贸易和海盗掠夺。西班牙统治者为了杜绝殖民地与宗主国之外的贸易往来,颁布死刑法令,即凡殖民地内任何未经国王准许、擅自与外国人交易者,即被判处死刑。尽管法令如此严苛,黄金的诱惑依然使更多人铤而走险,美洲走私贸易依旧频繁而喧嚣。

(二)进出口限令与工商业危机

西班牙在美洲大规模开采贵金属,是从 16 世纪二三十年代开始的。先是在墨西哥开采金矿,之后又在秘鲁发掘银矿。16 世纪初叶至 17 世纪末,西班牙从墨西哥和秘鲁攫取了大约 1 亿公斤的白银,其中 1550～1600 年是开采的第一个高峰期,年产超过 500 万比索。① 贵金属的流入使西班牙帝国一夜暴富,南部港口塞维利亚居间获利,迅速成为欧洲金融经济的中心城市。坐拥欧洲与美洲贸易福利的西班牙,其国力空前繁盛,16 世纪上半叶已然成为欧洲霸主。

西班牙帝国在美洲贸易中的丰厚利润,一方面充实了国王的金库,一方面造成西班牙的物价上涨。16 世纪前半叶,贵金属大量流入带来的通货膨胀,使生活必需品的价格平均每年增长 2.8%。物价上涨冲击到各消费阶层的利益,人民怨

---

① 〔法〕费尔南·布罗代尔《15 至 18 世纪的物质文明、经济和资本主义(第三卷)》,顾良译,三联书店 1992 年版,第 101 页。

声载道。瓦利阿多里德议会 1548 年向国王请求,降低本土工业产品的价格,适当进口境外商品。批量进口廉价棉布以调控国内需求,同时禁止出口棉布、皮革、钢铁之类商品。在这样的情势之下,西班牙政府鼓励进口、禁止出口的政策出台。于是,热那亚、尼德兰的商人纷纷涌入,西班牙国内市场迅速被数不尽的外国商品所占据。大量的金银在日常消费中,不知不觉流进外国商人的口袋。西班牙人忽然发觉,他们经历过漫长、曲折而危险的航海,从印第安人的土地上带回来的财富,连同他们用鲜血和辛劳获得的一切,被外国商人轻而易举地一下拿走,轻轻松松地带回他们的母国。[1] 西班牙议会请求菲利普二世不再准许进口蜡烛、珠宝、玻璃制品等商品,"这些对生活无用的东西换走了我们的黄金,西班牙人现在几乎成了印第安人"。[2]

16 世纪贵金属铸造的辉煌背后,隐藏着西班牙实业虚空的确凿事实。本土工业的发展滞后,造成国内大宗商品都需要从国外进口,小到德国生产的五金制品,英国、法国纺织业的布匹,大到波罗的海加工的木材,无不依靠欧洲其他地区的产出。而西班牙出口的商品却极为稀少,即使最负盛名的畜

---

[1] J. H. Elliott: *Imperial Spain*（*1469—1716*）, Edward Arnold Press, 1963, p199-201.

[2] R. S. Smith: *Spanish Merchant Guilds*, Durham University Press, 1940, p77.

牧业产品,也只是把优质的美利奴羊毛作为原材料输出,甚至无法出口精加工羊毛制品。截至17世纪初叶,西班牙帝国每年需要从国外进口2500万德加①的商品,用以满足国内人民的生活需求,而西班牙每年向国外出口的商品不过区区500万德加,贸易逆差高达2000万德加。经济学家曾做过这样的计算,16世纪中后期,外国商人可以在西班牙购买任何一种原材料,带回母国加工制作成成品后再运回西班牙,转手就可以获得十倍甚至百倍的利润。毫不夸张地说,西班牙人的白银就是这样流进外国人的腰包的,而导致金银外流的根本原因还是工商业落后的软肋。

尤其到了16世纪末,西班牙工商业整体出现萧条。托莱多关闭了大部分毛纺织品的作坊和丝织品作坊,那些令欧洲人爱不释手的丝绸踪迹杳然,勉强能够维持原有产量的1/10。南部城市的工业情况同样面临萎缩。格拉纳达的丝绸工业和萨拉戈萨的呢绒生产,曾经是地区的工业支柱,却不得不全部下线。西班牙最大的呢绒生产中心塞哥维亚,仅剩三四百部毛丝织机在嗡嗡作响,艰难维系少量粗呢的产出。西班牙境内毛织机数量急剧减少,仅能维持到16世纪初叶的2.5%,1594年全国毛呢产量仅有400匹,细呢制品则完全依靠进

---

① 德加,16世纪西班牙的货币单位。

口。[1] 科尔多瓦和安达卢西亚的皮革业全部破产,毕尔巴的造船业也因原料短缺而停产。西班牙的整个工业生产体系都陷入衰败和崩溃之中。

本土工商业衰落造成大量贸易逆差,加剧了西班牙帝国财富的流失。尤其是在金银财富大量输入后,忽视了国内工商业的发展,任凭美洲殖民地进口的大量金银外流,错失转化成帝国实业雄厚资本的良机。16世纪全欧洲都流淌着西班牙的银币,被称作"黄金漏斗"的西班牙其强盛国势也大打折扣,到菲利普二世统治时期的1556~1598年间西班牙帝国徐徐走向衰落。

三、跨洋贸易对城市兴起的促进

16世纪,西班牙从美洲殖民地不断攫取大量金银,大帆船贸易进行得如火如荼。作为贸易枢纽的港口城市,在西班牙主导的这场早期全球化经济中占得先机。一大批贸易港口城市应运而生。西班牙南部港口城市塞维利亚居间获利,很短时间内就发展成为欧洲金融和经济的中心。16世纪西班牙的塞维利亚、马德里与意大利的那不勒斯、罗马规模相当。1534年塞维利亚人口达到5.5万,1570年超过10万。同一

---

① 〔法〕费尔南·布罗代尔《15至18世纪的物质文明、经济和资本主义》(第三卷),顾良译,三联书店1992年版,第291~295页。

时期,马德里的人口从 1.2 万增长到 4 万左右。仅从人口规模来看,这些城市都位列基督教国家城市的前列。①

在西班牙的大帆船贸易版图中,已经具备早期全球一体化经济的雏形。作为马尼拉大帆船贸易的美洲终端,墨西哥阿卡普尔科逐渐发展成当时美洲最具规模的贸易都会。与此同时,大帆船经过的美洲沿岸地区,如利马、圣迭戈和蒙特雷等,也陆续发展成为通商口岸。

西班牙帝国来自海外的巨额财富全部集中在王室和贵族手中,使得西班牙社会等级制度更加固化。由于工商业的滞后,导致西班牙并没有出现坚实的市民阶层,像文艺复兴时期欧洲其他城市所涌现的、以工商业主为中坚力量的市民群体。城市的兴起和发展仍是自上而下,贯穿着王权统一的中心意志,意欲加强西班牙在海内外的国家权威和统治秩序。

第二节　帝国中心:首都马德里的空间隐喻

西班牙帝国凭借大帆船贸易,构建起一个全球性网络。在这个贸易网中不断兴起的城市,作为西班牙帝国全球版图的重要节点,既承载着帝国中央集权的主体意志,也释放出城

---

① 〔美〕雷蒙德·卡尔《西班牙史》,潘诚译,中国东方出版中心 2009 年版,第 125 页。

市自身的价值功能。城市中流动的因子,从货物到钱币,从人员到思想,无不形塑着帝国各阶层的生活,反过来也改变了城市本身的轨迹。马德里在16世纪成为帝国新都,城市规模和空间布局发生了重大变化。矩形和棋盘格状的城市形态,宏阔的中心广场,成为马德里的标志。

一、马德里的形成和城市的政治功能

公元9世纪,阿拉伯人为防范北方的基督徒入侵,在古城托莱多的北边建造了一处屏障,这处在整个中世纪都默默无闻的堡垒,就是日后西班牙帝国的首都马德里。1561年,西班牙国王菲利普二世在帝国版图的中心位置发现了马德里,于是决定迁都至此。这一年,"西班牙的心脏"马德里取代了哈布斯堡王朝的旧都巴利亚多利德,成为帝国的中心。①

马德里这座城市的兴起,每一处都灌注着王权的意志。定都之后,凭借王室的行政指令,马德里不但迅速夺得了巴利亚多利德的政治与行政功能,而且很快取代了托莱多的经济功能。很难想象,这样一座连基本用水和粮食供给都严重匮乏的城市,如果没有王室的坚定意志,如何能在不到三十年的时间里成为一个庞大的首都,一个发达的消费城市。这座城市一起步,就与权力紧紧捆绑在一起,依靠从周围地区和城镇

---

① D. L. Parsons: *A Cultural History of Madrid*, Belge Press, 2003, p13.

获取生活资源而迅速膨胀起来。城市规模较之中世纪,完全是天壤之别。仅从城市人口数量来看,16世纪末马德里的居民数已经增至6.5万人,而当时西班牙另外八个发达城市的人口总和不过20万。①

马德里在成为帝国首都之前的城市形态,基本上都是以城堡为中心,保留着建造者的伊斯兰风格。9世纪阿拉伯人修建马德里,作为抵御外敌的堡垒,因此道路曲折、回环往复,犹如迷宫一般。1085年卡斯蒂利亚王国和里昂王国的国王阿尔丰索六世在对穆斯林的再征服运动中获胜,一举攻下马德里,并以马德里为据点,继续与北非的阿尔莫哈德穆斯林王朝战斗。12世纪,国王为加固城防,下令在马德里城堡周围再扩建一匝新的城墙。14世纪末,恩里克三世再次为阿兹卡尔城堡增建了塔楼。其子胡安二世即位后,又在城堡附近建造了圣礼拜堂。到15世纪末,马德里的农业种植和农商产品贸易远近闻名,王室受到吸引偶尔前往逗留,马德里的城市地位随之日渐提高。1537年,卡洛斯一世萌生了迁都马德里的想法,在此处大兴土木,对阿兹卡尔城堡进行扩建。直到其子菲利普二世即位,终于兑现了父亲迁都马德里的愿望。

马德里成为西班牙首都之后,以城堡为中心的城市形态显得逼仄。尤其是面临人口急剧增加的压力,城市街道的曲

① D. Nicholas:*Urban Europe*,Pil Grief Press,2003,p59.

折拥挤,越发显得混乱。菲利普二世试图通过城市空间改造,为新政权树立起王权秩序的威严。王室建筑师胡安·埃雷拉(Juan de Herrera)于 1563 年受命主持马德里的城市改造,在他之后又有多位建筑规划师参与其中,前后花费 20 余年才完成埃雷拉最初的设计。到 16 世纪末,马德里的城市结构发生了翻天覆地的变化。城市重心从阿兹卡尔城堡向东移动,城东的太阳门(Puerta del Sol)成为城市轴心线。以阿尔卡拉门为起点,修建一条城市主干道马约尔大街(Calla Mayor),一直向东贯通到圣杰罗尼姆修道院。这条主干道路的两旁,分布着马德里的一些主要广场,如太阳门广场、瓜达拉哈拉门(Puerta de Guadalajara)广场和马约尔广场(Plaza Mayor)。其他主要道路与这条主干道连通,构成一张覆盖城市中心与周边乡村的交通网络,而且通过这种"棋盘格"形成的节点,将马德里各个公共空间连接起来,营造出城市空间的整体性。在这张棋盘格的城市地图上,每一条道路都修建得整齐宽阔,无不透射着帝国昂扬的信心。①

二、从太阳门到马约尔广场:帝国中心观的空间移位

太阳门是恩里克三世扩建阿兹卡尔城堡时,在城东留下的一处城门。因其面朝东方,是马德里最先看到太阳的地方,

---

① C. Wilkinson-Zerner: *Juan de Herrera: Architector to Philip II of Spain*, Yale University Press, 1993, p150-152.

因此得名太阳门。在菲利普二世改造首都的设计图上，随着城市向东拓展，太阳门跃身成为城市的中心，连接着马德里四通八达的交通网络。

完成主干道马约尔大街的整合工程之后，城市中心广场的设计建造又成为菲利普二世急于达成的目标。王室规划师胡安·埃雷拉再次得到国王的信任，1577年菲利普二世任命他负责广场设计和建造工作。这一次，胡安·埃雷拉被要求在太阳门以内的区域设计一处中心广场。埃雷拉并没有马上着手修建广场。他先是拓宽了马约尔大街，使城市的主干道与城西的阿兹卡尔城堡、城东的太阳门相连，形成一条贯通东西的交通干道。接下来埃雷拉改造工程的重点是主干道的配套。他修建起主干道两侧的商业区域，同时建造起新的市政厅与之呼应。

埃雷拉任期内并没能完成广场建设。弗兰西斯科·德·莫拉(Francisco de Mora)于1592年继任。菲利普二世任命莫拉掌管公共清洁与装饰委员会，专门负责改善城市道路的相关工程。莫拉继承了胡安·埃雷拉的城市规划理念，把马德里的城市道路改造得更加笔直、宽阔。莫拉还在街口建造喷泉和水池，逐步营造中心广场的效果。

真正意义的城市中心广场直到菲利普三世(1598—1621)执政的1617年才得以竣工。太阳门与阿兹卡尔城堡之间的马约尔广场(Plaza Mayor)是胡安·戈麦斯·德·莫拉(Juan

Gomez de Mora)的杰作。这是一座矩形大广场,四围建有式样统一的挑空三层建筑,每座阳台都面朝广场,在花岗岩石体的支撑下向外探出。马约尔广场长 120 米,宽 94 米,符合黄金分割的完美比例,看上去对称而规则。马约尔广场落成之后,王室每逢举行公共仪式和大型活动,都会在此集结。马约尔广场象征着王权的稳固与浩大,在井然有序的棋盘格城市空间里傲然屹立,很快成为马德里城市中心的地标。

马德里的城市规划并不是一蹴而就。1625 年实施老城墙改造计划,完全破除了残留的那些仍以西城的城堡为中心的空间结构,取而代之的是全新的城市空间形态。沿着笔直宽阔的主干道路向四周发展,以广场为中心呈放射状的城市布局赫然在目。主干道成为城市的轴心线,联结起城市边缘的宫殿和城市中心的广场,广场置于城市的心脏部位。马德里的空间规划也直接影响到西班牙的诸多城市,这一时期西班牙帝国修建的城市都体现出规划中心广场这一理念。[①]

三、马德里城市规划的渊源和文化价值

笔直的主干道,与之连接的棋盘格状的街区,以矩形广场的半封闭空间烘托城市中心,马德里空间规制的这三个基本要素,实则呼应了 15 世纪意大利人文主义者的城市设计理

---

① D. Pesco, A. Hopkins: *Las Ciudades del Siglo Oro*, La Citta del Seicento, 2014,p72.

念。这三个设计要素建构出的宏大秩序,洋溢着文艺复兴时期的人文理想,不仅以空间的规则和秩序充分彰显了王权的统一,也足以吸引大规模的市民参与公共仪式。① 而且,这种城市布局更便于管理者加强监管和控制。

(一)意大利文艺复兴时期的城市设想

文艺复兴时期意大利的乌尔比诺城、皮恩扎城和费拉拉城,都是由城市领主主持设计而建造的理想城市。这些城市的空间实践有力地佐证了人文主义者的理念,在旧城改造的过程中,意大利学者开始总结城市规划的理论。

意大利学者阿尔伯蒂 1452 年完成《论建筑》一书的写作。阿尔伯蒂在著作中回顾了古希腊罗马时代城市构建的基本样式,充分肯定了其设计理念中的对称性和规则性原则,呼唤城市领主们复兴古典城市形态的理性与壮美。阿尔伯蒂认为,城市规划如同建造房舍,需要合理配置建筑、街道和广场等基础要素,将以上诸要素进行有机整合,充分利用各自的实用功能和审美功能,以显示一座城市的尊贵。在阿尔伯蒂影响下,菲拉雷特为斯福尔扎城做规划的时候,也强调了建筑的向心性、对称性和空间比例。他在阿尔伯蒂的理论基础上发挥了空间设计的对称性法则,强调空间对称能够决定比例,由此可

---

① 〔芬兰〕埃萨·皮罗宁《论建筑》,方海译,中国电力出版社 2014 年版,第35 页。

以使城市居民体验到理性和壮美的愉悦。

这一时期古罗马建筑师维特鲁威的理论也受到推崇。意大利人文主义建筑师们效仿维特鲁威,在建筑设计中重视结构的对称和统一,注重建筑之间的比例协调,营造恢宏和对称之美。这些建筑设计理念最初应用在某个独立建筑之上,逐渐得到认可,扩展到街区建筑群,最终在整个城市得以实践。就是这种复兴古典之美,追求建筑的对称和规则的理念,成就了文艺复兴时期意大利的理想城市。

(二)西班牙本土的城市规划传统

西班牙帝国在马德里的城市规划实践,不仅受到文艺复兴时期古典理念的影响,也源自西班牙本土的宗教传统。

在伊比利亚半岛上,基督教与伊斯兰教的斗争在西班牙各处烙下了深刻的印记。城市的早期形态多为防御性堡垒,与民族战争的演进息息相关。11 世纪西班牙圣战中的基督徒从伊比利亚半岛北部向南挺进,一路收复长期被阿拉伯人占领的土地。西班牙人不断在收复的土地上建造新式的防御型城市(poblaciones),用于防范阿拉伯人的反扑,以防御性堡垒巩固民族战争的成果。这个时期,北部纳瓦拉地区的蓬特拉雷纳(Puente de la Reina)、布尔戈斯地区的布里维耶斯卡(Briviesca)以及加迪斯的圣玛利亚港(Puerto de Santa Maria)和瓦伦西亚省的王城(Villa-real)都是西班早期城市发展中的典型。

　　卡斯蒂利亚王国有着中世纪人文主义智者美誉的国王阿尔丰索十世,在他主持编纂的《七法全书》(*Siete Partidas*)中就提出过棋盘状城市的设想。阿尔丰索十世执政时期明文规定,新建城市必须要效仿古罗马城市的矩形样式,须使城市的主干道形成直角相交,在交界处建立行政中心。

　　无独有偶。阿拉贡国王在西班牙东部建造新城时,也和阿尔丰索十世不谋而合。他给臣民提出了同样的城建要求。后来,瓦伦西亚的圣方济各教会的艾克斯梅尼克(Francesch Eximenic)修士根据阿拉贡国王的实践,在阿拉贡国王设想的基础上,凝练而成一种新型的城市规划理论。他在《基督教十二书》(*Dotzè del Crestia*)中将其归纳为这样的标准:城市形态应为矩形,两条主轴线垂直相交,在中心形成大型广场,并分成四个次级广场,中心广场两侧分别修建王宫和教堂。马德里新城的修建基本就是实现了这个形态,这种空间构想几乎完美体现了西班牙帝国政教合一、中央集权的政治理念。

　　15世纪末西班牙的民族战争取得决定性胜利。攻克摩尔人最后的占领地格拉纳达之前,伊莎贝尔女王和费尔南多国王在格拉纳达近旁建造了新城圣达菲(Santa Fe de Grenade),就是完全采取了棋盘格的城市形态,借此宣扬基督教必胜、王权必胜的信心。帝国统一后随着基督教和王权在南部的巩固,安达卢西亚省修建了很多这种类型的城市,当时比较有名的是胡埃卡·奥维拉(Huercal Overa)、雷亚尔港(Puerto Real)和贝拉(Vera)。① 这些城市都以两条纵贯的主街道和一条横贯的主街道把整个城市连接起来,道路交界处都修建起中心广场。

16世纪中后叶,西班牙才出现大型的中心广场,商业活动也从零散的街道集中布局到主干街道两侧的商业区。马德里著名的中心广场马约尔广场,其形成却晚于西班牙在美洲殖民地兴修大型广场的时间。西班牙帝国先是在殖民地实验了中世纪以降的城市规划理念,取其精华在西班牙首都加以实施。16世纪,西班牙美洲殖民地的墨西哥城或利马这样的大型城市,必定有中心广场赫然在目。而作为宗教权力和王室权威的集中体现,中心广场上屹立着宏伟的大教堂和王宫,仿佛时刻提示着宗主国至高无上的权力和威严。

(三)多元一体的帝国特征

西班牙帝国时期城市的发展是和权力与秩序捆绑在一切的。中央集权的政治结构,取缔了中世纪早期那些蜿蜒曲折的道路网络,代之以古罗马帝国时期盛行的棋盘格式布局。从城市发展的历程来看,中世纪四分五裂的社会形态不可能打造出理性与秩序兼备的城市,至文艺复兴时期时代的发展需要构建新的价值中心。以广场为中心的棋盘格状的城市格

---

① J. H. Elliott:*Imperial Spain*(*1469—1716*),Edward Arnold Press,1963,p157.

局,既能彰显中央集权的威力,也能带给新兴市民阶层较高的参与感。与此同时,开阔笔直的主干道为城市集中开展商业活动提供了便利。

马德里新城的城市规划,体现了一种多元一体的帝国特征:它既属于中世纪,又复兴了古罗马之美;它充满王权色彩,又洋溢着市民阶层的欢悦;它确立了中心意志,又凸显出王权之下的秩序与平等。从西班牙帝国时期的辖属版图来看,从意大利的米兰、那不勒斯到美洲的墨西哥城、利马城,这些原本毫无关联的地方都在西班牙帝国的统治下相遇,并以某种同一化的空间理念在帝国版图里遥相呼应,以此形成了帝国时期空间管理上的多元一体。

辖属欧洲其他地区和殖民美洲的全球化流动,使西班牙帝国内部一直处于思想活跃的状态。伊莎贝尔女王即位之后,来自米兰、那不勒斯等地意大利文艺复兴城市的思想即传播进入帝国内部。从中世纪到文艺复兴时期,尽管西班牙国王和王室规划师们提出了理想城市的模式,但囿于现实条件均未能全部付诸实施。直到西班牙帝国时期,这些宏大的城市空间设想在美洲先行得以实践。西班牙王室在美洲殖民地建造利马、墨西哥城等新型城市,再把这种城市建设的经验带回本土,借助君主制度强有力的助推,西班牙帝国时期的城市形态逐渐趋同。

我们通常认为,西班牙帝国借助空间规制将某种意识形态推广灌输到遥远的殖民地,从而实现帝国统治的一致性。事实上,殖民地各个地区的差异化存在也会反过来对宗主国产生不小的影响。在这个意义上,美洲殖民城市的兴建为西班牙帝国的治理提供了地方经验,从而反映出帝国的中心意志与边缘化因素相结合的多元一体。

第三节　空间规训:帝国同化策略下的殖民地城市

城市作为人类文明发展到一定阶段的产物,不仅以物理空间的形态显现其强大的容存功能,同时以精神塑造的方式展示其强大的吸引力。16 世纪西班牙帝国开启了一种全新的跨洋贸易形式,全球化的经济、思想、文化流动已然成为可能。西班牙领属的殖民地城市也是在这种早期全球化力量的影响下应运而生。

一、殖民地城市的兴起与帝国意志的外化

(一)建造殖民城市的"示范"意义

"城市释放着人类的创造性欲望,从早期仅有少量人类居

住时，城市就是人类宗教、文化、商业积聚的地点。"①在西班牙帝国构建的海洋贸易网络中，殖民地城市不但是商品和资本流通的驿站，也是宗主国对殖民地宣示主权的载体。16世纪西班牙在全球殖民活动中，不仅急于攫取经济利益，同时要从政治和文化上实现对殖民地的控制。统一规划和建造与宗主国形态同一的殖民城市，成为西班牙帝国规训民众、建立霸权的一种主要手段。

16世纪西班牙主导的大帆船贸易，不仅带动了太平洋两岸物产的交流，也在一定程度上促进了美洲港口城市的兴起。大帆船经过的美洲沿岸地区，如利马、圣迭戈和蒙特雷等，陆续发展成为通商口岸城市。美洲由此发生了城市格局的重大变化，利马便是西班牙建造和影响最为明显的一个典型城市。

16世纪60年代利马的波托西银矿开采成功，大量白银加重了利马在跨洋贸易中的份额。原本把阿卡普尔科当作美洲终端的马尼拉船队，开始向南到达利马，他们用大量的中国丝绸、瓷器及其他奢侈品换取利马的白银。利马的贸易一时间大幅增加，船队行色匆匆，商人络绎不绝。与此同时，利马的兴起也分担了阿卡普尔科港的运输量，大量商品经卡亚俄港被运至利马，再转道巴拿马城运回宗主国。利马成为连接欧洲和亚洲的贸易枢纽，在西属殖民地中地位日渐重要。

---

① 〔美〕刘易斯·芒福德《城市发展史——起源、演变和前景》，宋俊岭、倪文彦译，北京中国建筑工业出版社2005年版，第27页。

西班牙人征用印第安人为奴,替宗主国开采矿产。在掠夺、攫取的同时,西班牙殖民者毁掉了印第安人习常的生活空间。那些代表印加文化区域结构的城市,如特诺奇蒂特兰、库斯科等,都被取而代之。西班牙人以征服者的姿态,修建起墨西哥城和利马两大中心城市,作为新西班牙和秘鲁两大总督区的文化标志,使其具有示范意义。

(二)利马兴起的地理条件

海洋经济离不开港口。16世纪墨西哥城和利马两大西属殖民地之间逐渐开发了特旺特佩克(Tehuantepec)、卡亚俄(El Callao)、瓦图尔科(Huatulco)等港口。[①] 从墨西哥城可由陆路直达上述港口,再由任一港口搭船驶往利马。距离利马较近的卡亚俄港逐渐成为美洲商路的南部终端。商队在卡亚俄卸下货物,等待顺风时再返回北部。集散在卡亚俄的货物则有其他商人接手,运送到利马等地,或是经过巴拿马输送到西班牙国内。这种沿海岸线进行的贸易从16世纪中叶起,逐渐成为利马与墨西哥城之间的主要贸易形式。

太平洋贸易的兴起使利马后来居上,利马的资源优势和地理区位使其在殖民地经济中逐渐比肩墨西哥城。在资源方面,利马内陆腹地开采出波托西银矿,大量白银被运回西班

---

① W. Maltby, *The Rise and Fall of the Spanish Empire*, Macmillan, 2009, p57-59.

牙,使其成为继墨西哥城之后对西班牙最重要的美洲城市。在区位方面,利马同时面向太平洋和大西洋,具备作为贸易中心的天然优势。这是利马能够在殖民地经济中迅速崛起的两个重要因素。

利马在印加帝国时期不过是一个边疆城市。西班牙征服者皮萨罗最初驻扎时更倾向于选择印加帝国首都库斯科,一来可以借用印加帝国的政治遗产,二来可以享受印加帝国鼎盛时期留下的都市文化。但利马在太平洋贸易中的重要地位动摇了皮萨罗的初衷。作为西班牙帝国美洲财富的集结地,利马吸引着大批西班牙贵族跨海而至,一些国家代表机构也随之设立于此。为了有效地控制利马,西班牙帝国决意将其改造成殖民地首府。

从符号学意义上来看,利马与库斯科代表着不同的文化记忆。库斯科深处山区谷地,是印加帝国的统治中心,其建筑和道路等城市基础设施较为齐备,这是库斯科最初吸引皮萨罗的原因。相比之下,利马只不过是一座面向海洋的新建城市,在印加帝国的历史上名不见经传。是因如此,利马从一座无名之城发展成殖民地首府,这个建造过程充满着命名的意味。既要切断与印加帝国的历史记忆,又要适应殖民经济的发展,利马的崛起符合西班牙帝国的殖民意志。建造利马,不仅仅是巩固其商业重镇的功能,更是为了进一步扩大西班牙帝国在美洲乃至全球的政治影响力。[1]

二、利马的空间规划和"示范"意义

(一)利马的城市布局

从 1535 年起,利马成为秘鲁总督的驻地,西班牙征服者皮萨罗着力将其建造成美洲殖民地的示范城市。

新城利马呈现的是一个非常规则的棋盘格形态,笔直宽阔的道路将城市规则地切割成若干街区。整座城市以中心广场的大教堂为轴心,渐次向外分配空间。市政厅在中心广场的西边,与大教堂对称排列,皮萨罗担任总督时的府邸在中心广场的北边。[2] 显而易见,中心大广场是城市的高光地带,代表王权与宗教的建筑形式分列广场两侧,公共仪式和大型活动都在这里举行。

皮萨罗时期在城市规划上严格实施标准化管理。规定每条街道的宽度为 11 米,每个街区的边长为 125 米。依据这个标准,利马城平均划分出 117 个街区。皮萨罗把这些切割均匀标准的区块分派给他的支持者们,要求他们按照市政委员会的指令严格管理,特别强调居民建造房屋必须在规定区块

---

① A. Giraldez: *The Age of Trade*: *The Manila Galleons and the Dawn of the Global Economy*, Roman & Leaderfield Publishing House, 2015, p55.

② J. Higgins: *Lima*: *A Cultural History*, Oxford University Press, 2005, p32-33.

内,若侵占公共街区就会被剥夺土地使用权。甚至对于建造房舍的材料也有明确要求,必须使用非常昂贵的进口砖块、硬木和黏土,外立面都要保持区块的统一。这些空间规划标准的确立,也是划分阶层的一种手段。

主广场是利马的中心,也是皮萨罗时期重点建设的区域。正方形的广场边长 134 米,两边建有拱廊。中心广场两侧是办公场所,律师、公证人平时出出进进。也有很多店铺,出售来自西班牙、墨西哥和中国的各类产品。平常日子里大广场是利马人会面交流、买卖物品的地方,一旦要举办仪式,就会提前清空。① 西班牙王室曾于1573 年颁布美洲城市规划的法令,要求城市中心广场按照3：2 的比例建成矩形。利马的正方形广场恰好说明它的建成年代早于其他美洲城市近 20 年。

(二)利马的殖民城市形态

卡斯蒂利亚国王阿尔丰索十世执政时期明文规定,新建城市必须要效仿古罗马城市的矩形样式,须使城市的主干道形成直角相交,在交界处建立行政中心。阿拉贡国王在西班牙东部建造新城时,也和阿尔丰索十世不谋而合。后来,瓦伦西亚的圣方济各教会的艾克斯梅尼克(Francesch Eximenic)修士根据阿拉贡国王的实践,在阿拉贡国王设想的基础上,凝练而成一种新型的城市规划理论。城市形态应为矩形,两条主

---

① J. Higgins：*Lima：A Cultural History*,Oxford University Press,2005,p78.

轴线垂直相交,在中心形成大型广场,并分成四个次级广场,中心广场两侧分别修建王宫和教堂——这种空间构想几乎完美体现了西班牙帝国政教合一、中央集权的政治理念,因此率先在殖民地打造新型城市以加强控制。

16世纪早期西班牙在殖民地建设城市时,除了保障其商业利益和政治影响,也非常重视城市的军事防御性功能。堡垒作为城市防御性设施,尤其是新式堡垒作为重要的标志性景观,也是西班牙殖民城市的一个重要特征。较之于其他美洲新建城市,利马的城墙工程启动得很晚,大约在17世纪中期才动工。这是因为西班牙人在建造利马的同时,加强了其西边港口卡亚俄的防御设施建设,使卡亚俄承担起港口和卫城的双重功能。

16世纪欧洲军事形势的重大变化之一是热兵器的大批使用,这就促使城墙防御体系随之变革。西班牙帝国辖属欧洲大陆的诸多名城,又要不断维护海外殖民的战果,因此在推动新式防御性建筑上分外迫切。西班牙先是在欧洲辖属城市大力推进,然后把有效的模式普及到殖民地加固防卫。这一时期西班牙开发出一种新型防御体系,放弃中世纪城墙只注重高度的设计,转而在斜角和厚度上做文章。新式城墙较之既往高度降低,但墙体普遍加厚,甚至出现双层城墙,城墙外层增建星形堡垒,或多处嵌以多边棱形堡垒,增加防御性设施的不规则性。西班牙管制的都灵、安特卫普和那不勒斯都先后建造了星型堡垒,很快风行欧洲。西班牙旋即在美洲殖民地启动建造类似的防御设施。前文提到利马防御性城墙修建较晚,没有采用当时欧洲流行的星形堡垒,而是在城墙的外墙体上增建了棱形多边堡垒。这些建筑的痕迹记录了西班牙帝国政治一体化的时间节点和空间同化策略的进程。

(三)城市空间的教化功能

西班牙帝国建造利马城的实践进一步证明,整合城市空间是加强权力控制的一种重要手段。无论是在帝国境内,还是在美洲等海外殖民地,西班牙统治者都着力通过城市改造,体现其统治的权威性和合法性,实现空间教化功能。在建造、管理利马的过程中,殖民者强化了建筑和仪式作为帝国权力的象征对美洲人产生的心理暗示作用,反映出西班牙帝国利用空间进行规训的统治策略。

美洲印加文化传统中注重服从国王的权威,同时也非常重视仪式的呈现。在管理利马之初,征服者皮萨罗就强化了仪式的教化功能。从1542年西班牙设立秘鲁总督区开始,总督进城的仪式就被视作西班牙帝国宣示权力的方式。利马与库斯科两座城市最终选择哪一个作为秘鲁总督府,也与进城仪式的路线关系重大。众所周知,当时在西属美洲殖民城市中墨西哥城地位显扬。西班牙征服者的进城仪式是从维拉克鲁兹登陆,一直走陆路进入墨西哥城。虽说展现了征服的顺序,但毕竟陆路行进耗费较大。若选择库斯科作为秘鲁总督府,也将面临同样的陆路问题。定都利马则可以利用它的天然地理优势,直接从卡亚俄港登陆进入利马,省却陆路行程的大量耗费。这也是利马取代库斯科成为秘鲁新都的一个重要原因。

为了迎接首任总督就任,1544 年利马蒙瑟拉区的梅卡德雷斯街矗立起一座凯旋门。这种源自欧洲的仪式被带到美洲,以凯旋掩盖征服。继之,第二任和第三任秘鲁总督也相继于 1551 年和 1556 年建造凯旋门,以显示殖民者的权力。[①] 按照惯例,总督在卡亚俄港登陆稍做停留,民众举行狂欢仪式以示尊崇,之后总督穿过凯旋门,并在凯旋门进行宣誓仪式,代表西班牙国王接收利马,宣誓仪式完毕前往城市中心的主广场,接受各阶层的欢迎仪式。

除了强化仪式,西班牙殖民者每到一地,都要修建一个特别行政区,专供西班牙贵族和商人等办公居住,用以突出西班牙殖民阶层的优越性。与此同时,西班牙人通过建造教堂和医院,加强了对殖民地人民的基督教教化。16 世纪中叶,西班牙在天主教教廷敦促下,在利马城内外扩大教区建设。每一座教区教堂旁边,一定配建一家医院,医院由教会负责管理。利马人在获得治疗和教育的同时,也在潜移默化中接受了基督教的教化。西班牙殖民者借助基督教化的巨大力量,

---

① J. Higgins: *Lima: A Cultural History*, Oxford University Press, 2005, p129.

进一步控制殖民地各阶层,医院、教堂也变成他们巩固殖民统治的重要工具。

正像米歇尔·福柯所指出的那样,"空间不仅由各种社会关系所形成,它同时也生产社会关系,并被社会关系所生产"。① 西班牙在利马的实践进一步证明,整合城市空间是加强权力控制的一种重要手段。统治者着力通过城市改造,体现其统治的权威性和合法性,实现空间教化功能。同时在管理利马这座新城的过程中,强化了建筑和仪式作为帝国权力的象征意义,充分体现了宗主国利用空间进行规训的统治策略。

---

① 〔法〕米歇尔·福柯《权力的眼睛:福柯访谈录》,严锋译,上海人民出版社1997年版,第52页。

第四章 17世纪西班牙帝国的海洋 外交与多元融通的价值体系

"最急切盼望着堂吉诃德的是中国的大皇帝。他一月前派特使送来一封中文信,要求我,或可说是恳求我,把堂吉诃德送到中国去,他要建立一所西班牙语文学院,打算用堂吉诃德的故事做课本,还说要请我当院长。"①

——塞万提斯

---

① 〔西班牙〕塞万提斯《堂吉诃德》(下卷),杨绛译,人民文学出版社1985年版,第3页。

第一节　哈布斯堡王朝的末日辉煌

一、财富从聚集到分流

从"收复失地运动"的蓬勃兴起到"无敌舰队"的黯然落幕，西班牙帝国的霸权在欧洲大陆及其周边的地中海、大西洋维系了一个多世纪。在最为鼎盛的帝国时期，西班牙政府通过其在哈布斯堡王朝的"股权"，掌握着欧洲大陆近1/3的领土，同时将大半个南美洲和地中海沿岸的北非地区收入囊中。

从后世经济学的角度来看，西班牙帝国的崛起更多仰赖于经济手段而非武力征服，哥伦布的远航为西班牙带来了新大陆的巨额金、银等贵金属和珍稀宝石，西班牙凭借充沛的"现金流"，慷慨地在欧洲大量收购"优质资产"。正是仰慕于西班牙帝国的富有，掌握着神圣罗马帝国的奥地利哈布斯堡王朝和盘踞意大利罗马的天主教廷，才会主动与西班牙帝国联合结盟，形成一个政教合一、双王共治的全新帝国。在查理五世和菲利普二世执政时期，西班牙不仅在欧洲大陆压制着西线的法国和东线的奥斯曼帝国，巩固着其在中欧、南欧的势力范围，同时还借助罗马教廷的影响力，管控着大部分欧洲人的日常宗教事务。意识形态和经济利益的双重加持，使西班牙一度成为欧洲的主宰。

这一时期,西班牙仅在欧洲大陆以各种方式获得的疆土面积占据整个欧洲版图的1/3,许多富庶的欧洲名城如意大利米兰、那不勒斯等都归西班牙辖属,欧洲大陆近1/4的人口归西班牙帝国统辖。借助罗马教廷的支持,当时欧洲修道院和教堂缴纳的宗教财产税有九成之多流入西班牙国库,欧洲全境"十字军"的军备税尽归西班牙双王调遣,再加上富庶的意大利各公国,以及低地国家如荷兰等,一并给西班牙帝国缴纳税收及其他进项。伊比利亚半岛上的这个新兴帝国,这一时期的经济实力的确是一时无两,欧洲其他主要国家的黄金储备加起来也比不上西班牙一国的黄金储备量。而这一时期西班牙白银储备之丰厚,也只有中国明代堪与比肩,其舰队规模也远远领先宿敌法国和英国舰船数量的总和,更不必提舰只的规模。西班牙帝国的兴盛反映了近代欧洲的重商主义思想,财富被视为国家权力的源泉。

西班牙帝国时期财富与权力发生着巨大的变化,但统治者忽视了财富的生产和转化。正如汉密尔顿所指出的,财富的生产远比财富本身重要得多,经济效率、工业场所或者贸易趋势的变化,都会相应地引起国家之间实力对比及权力分配的变化。① 尽管在16世纪西班牙凭借帆船贸易,实现了跨洋

① 〔美〕罗恩·切诺《汉密尔顿:美国金融之父》,应韶荃等译,上海远东出版社2011年版,第217页。

第四章　17世纪西班牙帝国的海洋外交与多元融通的价值体系

经济的早期全球化运作,但在这个日趋具有资本意味的世界市场体系中,西班牙却渐渐失去话语权,只好居于从属和依附的地位。究其原因在于,西班牙依靠原始的贸易方式进入国际市场,国内工商业后继无力,经济效率低下,长此以往必定会被更高阶的贸易手段所取代。换句话说,以何种方式参与全球化竞争,决定其在特定体系中的分配份额;若不依据变化的态势适时调整,失去经济效益的同时也会失去权力。16 世纪的西班牙就像一个漏斗,暂时获得了财富并拥有了盛极一时的权力资源,但黄金白银的囤积最终抵不过实业衰退的掣肘之痛。16 世纪中叶,比利牛斯条约签订之后,西班牙元气大伤,这种黄金搬运工的尴尬终于积攒成动摇整个帝国的根本问题。

二、军事规模与经济资源渐趋脱节

军事力量无论是对帝国而言,还是对现代世界体系中的民族国家而言,都具有重要意义,它关乎执政者掌握控制权的范畴。国际政治学者在界定国家实力的研究中,都强调军事力量的重要性。托马斯·库萨克认为大国最显著的标志是拥有"频繁发动战争并赢得大部分战争的能力"。[1]

西班牙帝国在 15 世纪中叶至 17 世纪初叶,军事力量在

---

[1] 郭树勇《大国成长的逻辑:西方大国崛起的国际政治社会学分析》,北京大学出版社 2006 年版,第 3 页。

欧洲具有绝对优势。它不仅拥有一支训练有素的军队，而且军费投入相当可观。帝国上升时期西班牙的绅士、平民都乐意从军，当兵被看作是一种既能标榜时尚又能获利丰厚的职业。军队规模也因此得以不断壮大。当时除了擅长海战的无敌舰队，西班牙还拥有欧洲战争上最具战斗力的步兵军团。为了掌握海权而打造的舰队，不仅是西班牙人跨洋掠夺的重要工具，同时也是其捍卫领土的利剑和盾牌。为了驱逐效忠于奥斯曼帝国的北非海盗，西班牙及其同盟在地中海与高悬着战旗的敌舰展开了漫长的角逐，在此过程之中，既有勒班陀海战那般辉煌的胜利，也有"骷髅要塞"的屈辱失利。但无论如何，在西班牙人主宰欧洲的那些岁月里，黄金与鲜血组成的西班牙战旗始终骄傲地飘扬在地中海的上空。

即使军队规模再大，作战能力再强，长期周旋于欧洲大陆的对手之间，西班牙帝国也逐渐表现出军事控制力的疲软。哈布斯堡王朝不仅要掌管欧洲事务，而且要防控海外殖民地的变局，如此一来，王室不得不分散兵力，或是派驻到欧洲大陆的意大利、荷兰、西西里等辖属地区守备，或是远派至美洲大陆和非洲北部戍卫。庞大的帝国版图牵一发而动全身，当时流行着一个形象的比喻表述了西班牙帝国的困境，说它像一只掉在坑里的大熊，比任何一条妄图进攻它的狗都强大，却终究敌不过所有的对手。随着对手数量和力量的增长，西班牙王室的军务开支连年攀升，甚至迫使王室多次宣告破产。

当维系帝国版图的成本与称霸世界带来的利益产生逆差,经济扩张的岁入也不足以负担帝国的开支,霸权扩张就失去了意义。

西班牙在 17 世纪的衰落并不是某一场战役的失利造成的。它由盛转衰的过程,表现出近代欧洲国家转型的必要性。在一个社会形态处于变革的时代,西班牙作为新兴民族国家仍然沿用传统的帝国模式,试图通过大规模占有领土来树立帝国形象,必然会导致尾大不掉的困境。事实证明,任何一个国家,无论是领土扩张还是政治或经济上的扩张,都需要一个最适规模与之匹配,所谓最适规模应当包含经济、军事、科技等诸要素。从这个意义上来讲,西班牙是近代欧洲第一个日不落帝国,但也是通过征服来获取财富的最后一个帝国。①

西班牙帝国的辉煌未能长久保持,新兴的资本主义和机器大生产的经济模式,逐渐锈蚀了西班牙人用黄金铸成的霸主宝座,以基督教新教为旗号的地方独立运动又把西班牙人推进一场又一场内战之中。当菲利普二世怒不可遏地要发动一场远征,去打击他的妻妹英国女王伊丽莎白一世的时候,西班牙帝国真的到了山穷水尽的地步。"无敌舰队"第一次的挫败,从表面上来看,充斥着各种偶然因素,似乎风向若能对西班牙人再有利一点,他们便可以触及那几乎就在手边的胜利。

---

① 〔美〕罗伯特·吉尔平《世界政治中的战争与变革》,宋新宁译,中国人民大学出版社 1994 年版,第 121 页。

但事实却恰好相反，对于正处于上升期的英国而言，西班牙帝国早已丧失了行之有效的制衡手段。在辽阔的大西洋之上，更快、更强的英国私掠战舰可以轻松地打击西班牙的运输船队，而在英吉利海峡的东侧，英国与新兴尼德兰政府的攻守同盟，更足以抵消西班牙人的陆军优势。因此即便"无敌舰队"能够成功地夺取英吉利海峡的制海权，自诩无敌的西班牙陆军能够在英国本土登陆，等待他们的也将是另一场惨败。因为支撑整个帝国的海上经济命脉已经被无情地切断了，等待着马德里的只能是缓慢的衰落和梦幻泡影的华丽终结。

三、欧洲联盟的分崩离析

西班牙帝国兴起之初，发现新大陆带来的巨额财富，充实了王室因长期打击摩尔人而虚空的国库。美洲殖民地的黄金白银源源不断地跨洋而来，进一步营造了大帆船贸易的盛景。当西班牙帝国沉浸于世界版图的荣耀时，欧洲大陆的其他国家渐渐摆脱国内的纷争割据，羽翼未丰的他们正伺机而动。当时后来居上的英国、法国、荷兰等国家尚且不具备军事实力，惮于与强大的西班牙帝国公然叫板，于是这些欧洲小国便采取非常规手段，沿途抢劫西班牙商船，或是袭击港口掳掠大批财物。大西洋上满载而归的西班牙船队，开始为他们的金、银贵金属和那些价格昂贵的农牧产品担忧，这些曾被称之为"财宝船"的商船深受海盗之苦。西班牙王室为此专门组建了护航舰队,针对所有商船实行"双船队制",以确保运回国内的财富免受海盗的突袭。即使如此,受巨大利益的驱动,各路海盗沿途围追堵截,西班牙的商船依然不断遭到欧洲其他国家的海盗袭击。

英国的海盗袭击活动在伊丽莎白一世时期最为猖獗。女王伊丽莎白即位不久,为鼓励王室贵族和新兴资产阶级参与海外掠夺,颁布新规:凡贵族献出世袭家业,国王就赐予一支船队,凡在海外获得的金银等财富,国家仅收回 1/3,其他部分归私人支配。[1] 在女王新政的鼓励下,大批英国人开始乘船夺金。伊丽莎白一世本人也积极参与,甚至出资支持海盗抢劫著名的财宝船。仅从海盗德雷克一次抢劫的价值 470 万英镑的黄金白银中,女王伊丽莎白一世就收回近 27 万英镑的投资红利。不仅如此,女王还亲自授予德雷克骑士封号。

由于王室的大力扶持,英国海盗不仅在海上抢劫西班牙商船,而且海盗行为不断升级,先是袭击西班牙港口,继而袭击西印度群岛,甚至劫掠西班牙美洲殖民地。在英国历史上众多因海盗生涯而扬名的,如卡文狄希、劳里爵士、霍金斯等都活跃在伊丽莎白一世执政时期。到伊丽莎白一世执政晚期,英国每年都会有一两百艘私人海盗船出航,可以带回 15 万到 30 万英镑的财富。据统计,英国海盗仅在伊丽莎白统治

---

[1] 杨真《基督教史纲》上册,三联书店 1979 年版,第 157 页。

时期,掠获的财物就达 1200 万英镑之多。

　　除了应付猖獗的海盗活动,西班牙帝国还得时时防范其他欧洲国家走私商品。帝国时期王室颁布法令,严禁殖民地与西班牙之外的国家交易。这一殖民地贸易垄断政策在一段时间内保护了宗主国的经济利益,但也引发了新的矛盾:一是限制了美洲殖民地之间的贸易互动,造成美洲经济受制于宗主国,无法进入良性循环;二是直接导致美洲殖民地与其他国家的合法贸易被取缔,迫使欧洲其他国家的商人铤而走险。为获得西班牙美洲殖民地的金银贵金属和其他利润丰厚的农牧产品,英国、法国和荷兰开始通过走私货物来追逐高额的利润。西班牙驻巴拿马的皇家视察员于 1624 年宣布,当年过境巴拿马的合法贸易总价值为 144 万比索,走私贵金属及货物商品总价值约 759 万比索。①

　　西班牙为维持欧洲霸主的地位,长期深陷与欧洲诸国的战争之中,好比是一只手刚刚从殖民地掠来大量金银财宝,另一只手就直接把真金白银丢进战场。西班牙帝国的 16 世纪有 3/4 的时间到处征战,仅有 25 年无战事;17 世纪有 21 年的太平日子。西班牙帝国两个世纪的王权体制,有一半的时间要花费在无休止的战争中,辖属尼德兰、意大利南部地区、奥匈帝国、德国等大部分领土,军费开支消耗了国库的大笔资

---

　　① 〔英〕J. H. 帕里、P. M. 舍洛克《西印度群岛简史》,天津市历史研究所翻译室译,天津人民出版社 1976 年版,第 129 页。

第四章　17世纪西班牙帝国的海洋外交与多元融通的价值体系

金,国家财政入不敷出实在不可避免。最令西班牙人引以为豪的无敌舰队,既要远赴殖民地维护政权稳定,又要应付地中海贸易带上的猖獗海盗,还要时刻提防英国、法国和奥斯曼帝国的舰队入侵,舰队疲于奔命,实力消耗巨大,扩建所需要追加的军费也相应激增。

一个庞大帝国的经济实力在不断萎缩,还要为维持霸主的体面透支财富。举例来说,为了收买意大利北部公国而停止向该地征税,为保证中部及南部德意志公国保持中立而支付给他们大量黄金。16 世纪末,尼德兰站到西班牙的对立面,其国内新教势力发起反对西班牙的战争。英国为了制衡西班牙,成为荷兰新教势力的后盾,而法国因为在国内同样备受新教势力的威胁,转而支持西班牙。

在这场以宗教斗争为旗号的较量中,与西班牙对立的欧洲诸国逐渐结盟。荷兰、英国和北部德国形成了新教联盟,法国、奥地利和意大利北部公国形成了天主教联盟。这场混战持续了 10 多年,直到 17 世纪初在马德里签署协议,约定西班牙放弃霸主地位,形成欧洲多国平权的格局。而新教联盟国家和天主教联盟国家的两大政治阵线,从此拉开长期对峙的局面,欧洲主要国家进入均势格局。

早在欧洲 30 年战争期间(1618—1648),西班牙帝国已经元气大伤。继马德里协议后,西班牙丧失欧洲霸主地位,哈布斯堡王朝的权力中心转向欧洲中部地区。直到 1659 年,西班牙彻底被其宿敌法国击败,在《比利牛斯条约》上签字,自此完全退出了欧洲权力斗争的舞台。这个在近代欧洲国家的竞争和扩张中,领伊比利亚半岛风气之先的第一个日不落帝国,就这样不可逆转地走向衰落。

第二节　维系帝国版图的外交策略

一、针对美洲、菲律宾等加强殖民管理

(一)殖民美洲的地域和时段

1. 西印度群岛时期

西班牙人在美洲的殖民历史是随着哥伦布首航成功拉开序幕的。

1492 年哥伦布的船队在海上航行数月,在几近绝望的时刻发现了新大陆,而一心寻找东方的哥伦布当时认定它是东方的印度。随后哥伦布又率船队继续探访了古巴、海地等地。哥伦布认为海地岛不仅土壤肥沃,而且气候温和,水源充足,物产丰富。哥伦布把这个岛命名为伊斯帕奥拉,花费一个多月的时间建立起西班牙帝国第一个殖民美洲的据点。哥伦布

第一次远航发现了圣·萨尔瓦多、伊斯帕奥拉和古巴等岛屿。① 返航时哥伦布在伊斯帕奥拉岛留下一部分随行的船员，要求他们继续带领当地土著勘查岛屿，为后续的殖民征服做好准备。

哥伦布重返美洲时，船队规模庞大，随行人员中汇集了西班牙各阶层人士，殖民野心昭然若揭。农民想来发财，骑士要来重建荣耀，皇室打算坐享其成，传教士要把天主教的光辉洒向新大陆。他们带足了六个月的粮食补给，一些家畜、农具及各种工具，甚至还有水果和蔬菜的种子。②

哥伦布的西印度殖民并不如愿。船队抵达伊斯帕奥拉岛时，拿必达要塞已被当地居民破除，留在岛上的殖民者已被杀死。哥伦布迅速率船队离岛西行，在一个被叫作蒙特·克里斯特的地方上岸，开始建设他们的新据点伊沙伯娜市。如今这个城市早已荡然无存，但在当时却是西班牙帝国早期殖民时期攫取黄金的重要据点。

哥伦布率船队顺着克鲁克德岛和福琼岛沿岸往复航行，驻留达四个月之久，并以此为据点继续向内陆探险，役使当地的印第安人大肆开采金矿。黄金大量出产，燃烧了征服者的欲望，一同到达新大陆的 17 艘船中，有 12 艘船于次年二月装载价值三万杜卡的黄金起锚回国。

---

① 王加丰《西班牙葡萄牙帝国的兴衰》，三秦出版社 2005 年版，第 87 页。
② 王加丰《西班牙葡萄牙帝国的兴衰》，三秦出版社 2005 年版，第 119 页。

西印度殖民时期第一个永久性殖民地圣多明戈是由哥伦布兄弟建立的。1502年,费尔南多国王派贵族奥万多前往海地接手圣多明戈,设立正式的殖民统治机构。继之,在西班牙人的舰炮之下,包括加勒比海诸岛屿、海地、多米尼加、古巴和巴哈马等地在内的西印度群岛很快沦为殖民地,大量黄金白银贵金属和丰富的农牧产品成为宗主国的优厚福利。

2. 中美洲地区时期

西班牙殖民者在征服西印度群岛之后,燃烧起对整个美洲大陆的贪欲。墨西哥作为中美洲的富庶文明之地首当其冲,玛雅文明和阿兹特克文明缔造的人类财富毁于一旦。

1519年,西班牙征服者科尔特斯带领其自行征集的军队自巴哈马向墨西哥进发,不久在韦拉克鲁斯建立了西属中美洲的第一个殖民城市。同年,科尔特斯试图攻克墨西哥中部高原地区的土地。科尔特斯在征服过程中使用各种武力手段和外交策略,分化居住在那里的阿兹特克人和印第安人,不满阿兹特克统治的印第安人透露给他们很多有关阿兹特克军队的情报,使科尔特斯凭空取得了很多军队物资和兵力。

当时的阿兹特克国王蒙特苏马二世想用金银财宝收买皮萨罗和科尔特斯,诱使西班牙人撤军。但阿兹特克人的金银财宝换来的,却是西班牙人不断膨胀的欲望。最终阿兹特克首都特诺奇帝特兰城沦陷,科尔特斯开始在中美洲的残暴统治。

但中美洲人民的反抗从未停歇,尤其是醒悟过来的印第安人不堪被利用,终于举起了反抗的旗帜,使科尔特斯军队元气大伤。科尔特斯与特诺奇蒂特兰城僵持了近三个月,久攻不下,他气急败坏,遂决意在1521年4月28日以大屠杀的方式彻底摧毁了特诺奇帝特兰城。

之后,整个中美洲归入西班牙帝国版图。暴力征服与野蛮统治贯穿于西班牙殖民中美洲的整部历史之中。

3. 南美洲地区时期

印加帝国同样没能逃脱殖民者的魔掌。征服中美洲之后,西班牙统治者又将南美洲列入下一个目标。对南美洲人民而言,西班牙殖民者皮萨罗是克星,是灾难的开始;但在西方人眼中,他和哥伦布一样是不甘平庸的勇士,甚至流传着加略岛十三勇士的传说。①

在征服巴拿马战斗中屡立战功的皮萨罗,从西班牙探险家安迪戈亚那里听说了南美洲印加帝国的存在。他在巴拿马督军的特许下,与阿尔玛格罗和神父卢克一起出发,带领百余名殖民狂徒探察秘鲁。前两次除了些许黄金,再无其他斩获。但皮萨罗坚信南部秘鲁将是财富的源泉。

1529年皮萨罗的征服计划得到西班牙国王的认可,王室

---

① 〔美〕特伦斯·M.汉弗莱《美洲史》,王笑东译,民主与建设出版社2004年版,第177页。

为他提供了充足的经费。1532年皮萨罗带领177人和62匹马,从秘鲁海岸登陆。他们先是在秘鲁的北海岸建立一个新城,摸清印加帝国内部情况,养精蓄锐等待时机。很快,印加帝国发生内讧,皮萨罗趁机进入印加帝国北部重镇卡哈马卡,与率军驻守的印加国王进行谈判。皮萨罗居然在兵力悬殊的情况下,速战速决占领了卡哈马卡,并俘获印加国王加以囚禁。从印加国王那里索取到价值2800万美金的金银财宝作为赎金后,皮萨罗残忍地将其杀害,趁印加人民群龙无首之时洗劫了印加首都库斯科。1535年,整个秘鲁全境皆被征服,皮萨罗在利马河畔建立了秘鲁殖民区的首府利马城,开始他八年之久的殖民统治。

至1541年,整个南美洲除了巴西以外,都被西班牙殖民者归入帝国的版图之中。

(二)西班牙在菲律宾的殖民

西班牙征服菲律宾的过程几乎就是在中美洲殖民统治的翻版。西班牙征服者运用"来复枪加十字架"的手段,采取政教合一的殖民政策,在菲律宾推行总督、最高法院和大主教三者并立的统治模式。

在殖民扩张的过程中,西班牙殖民者先是用武力镇服当地民众,继而从思想上教化控制菲律宾人。16世纪中叶,菲律宾大部分地区尚处于宗教蒙昧状态。印度教、伊斯兰教零星传入,不成规模。较之东南亚其他国家,菲律宾的文化与宗教发展处于更落后的阶段。因此,当西班牙贵族、商人和传教士联手,向殖民地人民推广改信天主教的时候,菲律宾人那些带有原始崇拜色彩的多神崇拜很快就被天主教取代。菲律宾人接受传教士灌输的教义,认同天主教是高于自然宗教的一神教,从文化上更能接受顺服西班牙人的思想殖民。

西班牙殖民官为了进一步加强统治,采取了一些更利于殖民管理和推行宗教的举措,其中早期推行的"移民并村"措施最具代表性。西班牙殖民者将一些小而分散的民族部落强行合并成较大的村镇,强令村民放弃原来的宗教信仰,皈依天主教。殖民政府强制移民并村后,实际的监视管理通常都由教会和传教士负责。这种村镇化强制管理的方式,使土著居民感受到全方位地处于统治者的严密监视之下,因此产生了强大的政治震慑力。①

菲律宾这种政教合一的殖民模式,尤其是在菲律宾全境推行天主教的殖民行为,得到西班牙王室的鼎力支持。国王为了表彰传教士们的勇气和牺牲,促进教会实现宗教目的,宣布由王室承担菲律宾传教的全部费用,甚至包括马尼拉殖民政府每年的财政差额。西班牙王室为所有远征菲律宾的船队都配备上传教士,还为其承担旅程费用。继著名的传教士乌达尼塔之后,大批传教士被派到菲律宾。他们主动学习当地

---

① 贺圣达《东南亚文化发展史》,云南人民出版社1996年版,第223页。

语言,以便于接近菲律宾人,向他们宣扬天主教教义。传教士们建立慈善机构,利用自身的医术和学识争取菲律宾当地政府上层的支持,劝说他们皈依宗教,以便吸引更多菲律宾民众信仰基督教。

宗教势力在菲律宾殖民地日益强大。17世纪菲律宾设有一个大主教和四个主教区。大主教和四个教区的主教分别由西班牙国王推荐,罗马教廷的教皇亲自指派。大主教同时掌管最高法院的管理权。教会人员中从大主教到神父,都可以从殖民政府领取薪金。若逢殖民政府总督出现空缺,大主教可以代行职务之需。教会在从事宗教活动的同时,政治权力越来越大。教会可以指定村镇长官的人选,直接参与决定地方行政,包括决定村镇田地的分配、税务缴纳与征收和地方治安警务等一应事项。由此可见,天主教会不仅掌握了菲律宾殖民地的宗教、教育大权,而且拥有包括土地使用在内的经济权利,教会还能够控制文化传播,同殖民政府总督一起,分享殖民地的行政司法权。①

西班牙帝国的殖民行为客观上使菲律宾群岛实现了政治一体化,天主教的广泛传播使之形成思想一体化。以马尼拉港为起点,使菲律宾参与到全球经济一体化的进程。但是,综观西班牙在菲律宾两个多世纪的殖民统治,作为征服者,他们

---

① 王民同《东南亚史纲》,云南大学出版社1994年版,第83~89页。

主观上一直视菲律宾为商业殖民地,完全不考虑扶植当地经济。不管是管理地方政府,还是传播宗教的使命,都是交由西班牙天主教各级教士管理,即使皈依天主教的菲律宾基督徒,也不能进入这些特权阶层。殖民政府和天主教会的全方位垄断,致使在菲律宾开发和生产的大量财富,没有得到资本转化,失去了在西班牙本土和菲律宾殖民地发展产业进步的黄金机遇。

二、针对中国采取"适应"策略

(一)"适应"外交的提出

地理大发现开启了全球一体化的进程。随着新航路的开辟,远隔重洋的不同国家或民族相继被卷入世界贸易的旋涡之中,就此出现了五大洲物质与商品规模空前的交换。西方殖民者的征服与扩张活动又使东西方文明以空前的规模处于相互交流碰撞之中。"黄金与上帝密不可分",西班牙帝国时期的传教士担当着"外交软着陆"的重任。

众所周知,在征服美洲时期,西班牙传教士曾用暴力手段强迫印第安人集体加入基督教。但印第安人对自己的原有信仰并没有真正放弃。相反地,在他们当中,偶像崇拜的回潮现象却有越演越烈的趋势。因此,以帕拉福克斯为代表的传教士们经常在考虑,如何能秉承人道主义的精神放弃暴力对待印第安人,同时使他们心甘情愿地保持对基督教的信仰。传教士帕拉福克斯的难题几乎也是所有传教士面临的选择。

17世纪初,除耶稣会士外,方济各会、多明我会和奥古斯丁会的传教士也陆续进入中国传教。不同教派奉行不同的传教策略,而且对中国历史和文化特征的解释也各不相同。因此在如何使中国基督教化这一问题上引起各教派之间的激烈争论,其集中表现就是前后持续大约一个半世纪的"礼仪之争"。

由于帕拉福克斯一直在考虑印第安人的基督教化问题,他格外关注发生在中国的这场宗教之辩。他试图借助西班牙传教士们在中国传播基督教的实践,寻找到解决印第安人基督教化的有效途径。因此,帕拉福克斯广泛调查采集有关中国"礼仪之争"的记载,将所见所闻的文献资料汇集成册,为后人留下了研究这场宗教之辩的重要文献。

(二)"适应"策略的演进

16世纪末至17世纪中国基督教化的历程中,由沙勿略倡导,经利玛窦(Matteo Ricci,1552—1610)、庞迪我(Diego de Pantoja,1571—1618)等传教士不断充实、完善的"适应"策略,促进了基督教在中国境内的传播,客观上为东西方文化交流创设了对话的语境。在传播基督教的过程中,越来越多的传教士们了解了中国,也把东方世界的中国故事带回欧洲。

沙勿略是明清之际中国典籍中对西班牙来华耶稣会士圣弗朗西斯科·哈维尔(San Francisco Javier,1506—1552)约定俗成的称谓。沙勿略出生在西班牙纳瓦拉省哈维尔城堡的一个贵族家庭,他的父亲胡安·德哈索是国王的私人顾问,母亲玛丽亚·阿斯皮奎塔·哈维尔出身名门。沙勿略自幼受过良好的教育,18岁进入巴黎的圣巴尔贝学院深造。由于他的学业优异,22岁时已被任命为博韦学院亚里士多德哲学讲师。沙勿略经推荐被罗马教廷任命为"教宗特使",历经 8 个月的艰难航行,1541 年 12 月沙勿略抵达果阿。在其后的 10 余年间,沙勿略的足迹遍及印度、斯里兰卡、马来西亚、新加坡、印度尼西亚和日本等地,并于 1552 年踏上我国的上川岛。

东方多姿多彩的文明给沙勿略留下了深刻的印象,并由此使他在思想上产生了两个重大的飞跃。其一是"发现"了中国文明,其二是为"适应"策略的形成奠定了理论基础,并为实施这一策略确立了一些基本原则。沙勿略在东方各地,尤其是在日本的 27 个月的传教生涯使他获知,在遥远的东方还存在着与欧洲处于平行和平等发展阶段的另一种文明,即华夏文明。沙勿略认为,其他东方国家的文明大多受到中国文明影响,他坚信只要中国信奉了基督教,那么其他东方国家将会效仿中国,相继接受对天主的信仰。他寄往欧洲的大量书信中,把他对中国的印象做了详尽的介绍,从而引起西方人对中国的向往。从沙勿略开始,一代又一代西班牙传教士渴望踏上中国的土地,他们把实现中国基督教化视为毕生的使命。

　　沙勿略在传教过程中逐步认识到,像西方征服者在拉丁美洲那样,用暴力手段强制土著居民集体加入基督教的做法,在东方国家是根本行不通的。他认为,西方传教士只有用和平的方式,在两种异质文明之间进行平等的对话,并在相互竞争中显示出西方文明的优越性,这样才能将东方人逐步吸引到信仰天主的道路上来。沙勿略认为,西方文明的优越性主要体现在科学方面。因此,他力主西方传教士要在东方国家中传播欧洲的科学知识,并认为这是取得救世功业成功的重要手段。为了达到上述目的,在东方传播基督福音的传教士们应当是具有天文学、数学和舆地学等学科知识的所谓"读书修士"。来到东方国家之后,他们应当首先学会当地的语言,遵从那里的风俗和习惯,并用西方珍贵的礼品敲开当地权贵的家门,进而争取接近最高统治者并劝说他信奉基督教,而且只有这位最高统治者皈依了基督教,那么整个国家才能基督教化。由于沙勿略的上述传教策略核心理念是强调基督教文明要适应当地的文明,因此,沙勿略的这一理念常常被后人称为"适应"策略。

　　利玛窦和庞迪我继承了沙勿略的思想,提出在中国实施的"适应"策略有两个基本柱石:其一,用中国典籍中大量出现的"上帝"(或"皇天""帝""天"和"天命")一词来译基督教的

"天主"（Dios）；其二，把中国人"敬天""祭祖"和"参拜孔子"看成是一种社会政治行为，因而允许皈依基督教的中国教民参加这些礼仪活动。前者表明"适应"策略之信奉者在中国文化与西方文化这两种异质文化之间寻找具有同一性的地方的努力。用中国典籍中的"上帝"来译基督教的"天主"就是他们寻找到的沟通中西两种文化的契合点。对中国人"敬天""祭祖"和"参拜孔子"等礼仪的默认，则表示出部分传教士对中国传统道德和价值观念的理解和尊重，而且这是西方传教士能否得到中国社会包容的先决条件。

沙勿略在传教过程中总结出来的"适应"策略思想，更成为他的后继者所尊奉的圭臬。而实施沙勿略所倡导的"适应"策略的最积极的结果，则是在一定程度上促进了东西方之间的文化交流。由于沙勿略对中国所怀抱的友好态度和他所倡导的"适应"策略强调不同文明之间要平等对话，所以这些主张在那些业已皈信基督的中国教民当中容易引起共鸣，并得到他们的敬重。

沙勿略为前往东方的传教士所确立的入选标准，为促进东西方文化交流提供了保障。事实上，在来华传教士中，从利玛窦、庞迪我到汤若望（Jean Adam Schall von Bell，1591—1666）、南怀仁（F. Verbiest，1623—1688），以及其后的博圣泽（J. F. Foucquet，1663—1739）、戴进贤（I. Koegler，1680—1746）、宋君荣（A. Gaubil，1689—1739）等，由于他们本人都具有极高的科学素养并给中国带来了在当时较为先进的欧洲的天文学、数学和舆地学等学科的知识，因而赢得了中国一些具有先进思想的知识分子的欢迎，甚至有的中国士大夫还认为"天学"（基督教学说）即"实学"。像徐光启、李之藻和王征等著名的科学家都曾在自己的科学实践中吸收过西方科学的一些成果，而且他们就是通过与传教士们在科学领域的相互探讨而接近了基督教。在明清之际，中国知识分子和西方传教士之间的这种在科学方面的相互沟通与对话，其结果便是产生了一批反映中西文化交流成果的科学著作。由于这些来华传教士本身都具有相当高的文化修养，所以来华后他们以其敏锐的观察力，也把中国的基本国情和华夏文明的特征向西方做了较为全面的介绍，从而加深了西方对中国的认识，并在欧洲一度掀起"中国热"。

第三节　多元融通的社会价值体系

一、日常生活的异域情趣

地理大发现以后逐步形成全球性贸易，在中国—菲律宾—墨西哥—西班牙多边贸易和中国—菲律宾—西班牙大三角贸易年代，西班牙是中国商品及华夏文明传向西方的重要媒介。东西方两种异质文明的相遇和碰撞,必然会对本位文明产生激励与升华作用。无论在东方或西方,这都是一个普遍规律,在西班牙接受华夏文明的过程中亦是如此。

西班牙王室和贵族阶层对充满异国情趣的中国物品的偏爱和追求,始于中国—菲律宾—墨西哥一段贸易航路开通之初。当墨西哥殖民当局的最高统治者接触到中国商品后,他们为中国商品工艺之精美而赞叹不已,并选择其中的一些精品作为赠送给西班牙国王及其他王室成员的礼品,随"双船队"运回宗主国。1574 年墨西哥总督埃尔南多·里盖尔和其他一些官员赠送给菲利普二世一些珠宝、黄金、丝织品和瓷器,而菲律宾总督也在 1574 年 7 月 17 日写给菲利普二世的一封信中,提及赠送给国王的中国杯子。

诸如此类"礼品"引起西班牙王室对中国物品的浓厚兴趣。有记载显示,西班牙国王卡洛斯一世曾通过殖民地专门向中国订购印有王族徽记和花押字的瓷器。"纹章瓷"由此遂在欧洲盛行起来。菲利普二世还曾对一床中国绣花被单赞不绝口。这位名声赫赫的国王的收藏物中,仅中国瓷器就有3000 件。此外,他还收藏有一部分中国画、乐器、精雕的木盒和剑等。菲利普二世晚年在斯克利阿尔宫中专门安置了中国式座椅,据说是从菲律宾或墨西哥跨越大洋运送回西班牙的。在斯克利阿尔王宫的图书馆中,菲利普二世还珍藏一些中国图书和地图,这些书籍和地图主要是菲律宾的殖民地官员转赠给国王的。

中国商品开始批量进入欧洲市场后,其特有的华夏文明元素以及商品制作工艺和设计理念中包孕的中国智慧,无不激发起欧洲人对美的新追求。此一时间,西班牙的王室贵族以府邸之中陈设中国漆柜、屏风、各式白铜烛台以及雕花镂空的家具为荣,若无此物,不能称尊贵风雅;贵族女性沙龙聚会,必手摇中国折扇,迈步出门定要高擎来自中国的遮阳伞。停在权臣贵胄府邸门前的,则是由中国轿子演化来的轿式马车,马车装饰得十分豪华,车厢上镶嵌着金银饰物,且要披挂上中国丝绸。中国瓷器使整个欧洲上层社会迷醉。"中国制造"对16~17世纪的欧洲影响是如此深刻而广泛,以致1603年在巴黎上演的一出戏剧中,借主人公之口发出惊呼:一股"中国热"正在席卷欧洲。①

西班牙国王和王室对中国物品以及富有中国特色的建筑物情有独钟,一定程度上带动了其他贵族和宗教界上层人士对东方情趣的追求。因此,不仅那些从菲律宾和墨西哥以及其他拉丁美洲殖民地返回西班牙的高官贵胄们,会在他们的府邸中装饰各类中国的工艺品和器物,即使是西班牙本土的显贵们在其家中也绝不能缺少富有东方情调的摆设。在名门闺秀手中,中国式扇子和伞是不能离开须臾的,一种被称作

---

① 张铠《中国与西班牙关系史》,五洲传播出版社2013年版,第181页。

"马尼拉大披肩"的丝织品,更是妇女们用来增加自身外表魅力的重要服饰。

富有东方情调的商品也并不独为王室贵族专美。16世纪的价格革命导致西班牙物价飞涨,生活日用品严重匮乏。在西班牙经济危机的紧要关头,输入西班牙的中国商品中具有东方情调的高档丝绸和手工艺品,正适合西班牙上层社会的需要;而一般棉麻商品由于价格十分低廉,因此可满足西班牙普通民众的急切需求。中国织工仿照西班牙款式,织就光彩夺目的廉价丝织品返销西班牙,在拉丁美洲曾盛行一时。据史料记载,1686年墨西哥和秘鲁的商人为了迎合拉丁美洲市场的需要,曾专程带着"样品"到中国定做丝绸服装。再以丝袜为例,开往欧洲的大帆船经常携带上千双丝袜,有时高达5000多双。从式样来看,王室贵族和绅士们所偏爱的长筒丝袜显然不同于中国盛行的布袜,可见是为欧洲市场特制的。

风筝是中国劳动人民智慧的产物,西班牙人把它传入欧洲,深受人们喜爱。欧洲人很快学会了仿制风筝,但始终保持着鸟、虫这些中国风筝传统的形象和特有的造型。后来,风筝随西班牙殖民者传入美洲,在印第安人中得到广泛流传,放风筝成了他们喜爱的一种娱乐活动。风筝被称为"帕帕洛特"(Papalot),意思是"蝴蝶"。

中国园林艺术对欧洲皇家园林和宫殿建筑也产生了广泛的影响。西班牙也不例外。塞维利亚著名的阿尔卡萨尔皇家公园里,有一座中国古典风格的"中国亭"(Pabellon de China)。马德里附近42公里处的阿兰斯怀兹,有一座修建于16世纪的王宫,是由园林和宫殿组成的综合建筑群。阿兰斯怀兹地处塔霍河和拉马河的交汇处,所以皇宫周围的园区充分地利用了充裕的水源,并建成许多喷泉和池塘。在一处为绿荫环绕的池塘中,修建了两座具有中国风格的秀美凉亭,因此该景观被称作"中国池塘"。在宫殿建筑中,两座具有中国艺术特点的大厅"中国画宫"和"瓷宫"最为独特。"中国画宫"的宫殿内,四壁均匀地镶嵌着176幅中国画,因而得"中国画宫"这一称谓。据说这些画在宣纸上的具有民间风格的中国画,是中国皇帝赠送给西班牙女王伊莎贝尔二世的。这些画的内容反映了中国的民风、民俗和社会生活百态。宫殿屋顶上垂下一座中国灯笼式的大吊灯,雕刻精美,十分别致。宫殿四周摆着东方样式的椅子:背靠和椅腿上刻有花卉图案,椅垫是用中国丝绸缝制,还绣有图案。整个中国画宫给人一种雅致而祥和的印象。而整个"瓷宫"的墙壁则为八面巨大的镜子分割成相等的空间,一棵棵藤一样粗大的枝蔓就在这些被切割的空间中从墙顶部垂下来,数不胜数的衣饰华丽的中国人物造型与粗大的枝蔓交织在一起,令人眼花缭乱。中国的器物如扇子、各类瓷器和生活器皿等,和人物有机地结合在一起,并被巧妙地置放在枝蔓当中。轻歌曼舞的鸟雀在枝蔓中似乎时隐时现。特别是中国人凭借想象创造出来的动物形象"凤"和

"龙"也跃然于"瓷宫"的装饰图案之中,使整个"瓷宫"充满浓郁的中国情趣。

二、文学艺术的审美体验

(一)文学中的海洋人文景观

西班牙帝国崛起时期曾推行文化先行策略,通过制造哥伦布航海日记的热烈反响,凝聚社会各阶层的利益需求和精神诉求,有效地隐蔽了帝国海外殖民的残暴行径和扩张野心,使海外拓殖成为合情合法、众志成城的英雄行为。从发现新大陆到开辟新航路、发展大三角贸易的帆船时代,海洋因子已经广泛地进入西班牙帝国各阶层的日常生活,潜移默化地形塑了西班牙人的生活方式和思维模式。这一深刻变化集中反映在西班牙文艺复兴时期的文学艺术表现中。

16～17世纪西班牙文学,中世纪遗风犹存,东方文化继续产生着催化作用,文艺复兴运动更是波澜壮阔;与此同时,征服海洋带来的巨大财富,以及由此衍生出的精神动力,赋予西班牙人无限的文学想象。海洋景观,异域形象,成为西班牙文学家笔下的日常描写,几乎每位作家都有涉及海洋的书写——无论是出于自身亲历,还是道听途说的逸闻趣事。

塞万提斯是西班牙黄金世纪的文学大师,他拥有"文艺复兴时期小说之父"的美誉。生逢一个海洋时代,塞万提斯中青年时代经历的重要事件都与海洋有关:因参与海战而留下残疾,因遭遇海盗而成为俘虏,因谋职海军而遭受指控。遭遇海盗被俘,囚居阿尔及尔的经历,对塞万提斯影响巨大。在他的创作中,阿尔及尔、海岛、海盗的意象反复出现,有时仅作为叙事的背景,有时成为故事本身。四幕喜剧作品《阿尔及尔的交易》(1585)即反映了塞万提斯在 1575~1580 年间被土耳其海盗俘虏到阿尔及尔囚禁的亲身经历。

在展现塞万提斯高超艺术才华的长篇小说《堂吉诃德》中,塞万提斯浓墨重彩地描绘了堂吉诃德与仆从桑丘·潘沙成为海岛总督的一段故事。这部小说不仅是西班牙古典文学的文化珍品,而且也是世界文学的不朽杰作。全书真实地反映了西班牙 16 世纪末的整个社会情景,栩栩如生地刻画了七百多个形形色色的人物,并通过主人公的游侠经历生动地描绘了西班牙的城乡面貌、人民生活实况、贫富差异和秀丽的山川景观。《堂吉诃德》是一部有连贯性、系统性、结构严谨、情节动人的长篇小说,作品中堂吉诃德与桑丘·潘沙的海岛故事是作为主要叙事情节出现的。同 16 世纪其他流浪汉小说的叙事视角相比,堂吉诃德与仆从桑丘·潘沙的脚踪已经超越了陆地游历的文学传统,而带有塞万提斯人生际遇的明显烙印。为了诱惑桑丘二度随他外出行侠仗义,堂吉诃德许之以未来管理海岛的重诺。透过这看似戏谑的一笔,投射出海洋冒险和海外拓殖如何渗透进西班牙人的思维系统。首先是"海岛"这一空间概念成为生活日常,堂吉诃德与桑丘·潘沙这样的寻常百姓认为海岛是可以抵达的一个实体存在，这在哥伦布的《航海日记》风行之前恐怕是遥不可及的想象。其次，"管理海岛"成为可能，这显然也是与西班牙航海拓殖的社会情况密不可分。自从有了伊莎贝尔女王和费尔南多国王的授权书，哥伦布被赋予管理踏足领地的权力，以此推断，桑丘成为海岛总督也不再是空想。再次，"授权管理"折射出王室集权控制的权威。从表面上来看，堂吉诃德与桑丘·潘沙是骑士与仆从的关系，但实际上却也隐喻了王室与海外拓殖者之间的从属关系。从《堂吉诃德》这部作品中我们可以了解塞万提斯的海洋观和殖民观，亦可从塞万提斯的观念中知晓西班牙帝国时代价值体系的养成。

西班牙帝国时期的海洋文学书写在欧洲迅速播散，从主题、题材、体裁等方面丰富了欧洲文学的发展。从莫尔的《乌托邦》，到帕特里齐的《幸福城》，从培根的《新大西岛》到康帕内拉的《太阳城》，岛屿、新大陆之类的空间意象出现在欧洲作家笔下，一系列海洋文学作品相继问世。这类作品以海洋作为叙述或故事发生的主要场景或者背景，大海、水手、舰船、岛屿成为小说的主要叙事元素，水手往往作为叙事的主要人物，海上历险作为叙事题材，运用体验或纪实的手法，生动地展现人类与自然海洋、与人文海洋、与社会海洋的动态关系，形成了海洋文学独特的美学特征和审美意蕴。

(二)文学中的中国意象

大帆船时代西班牙与中国之间的物质和文化交流,不仅影响到西班牙人的生活习尚,同时也拨动了西班牙文人的心弦。很多著名的西班牙诗人和作家以他们敏锐的艺术神经立即感受到社会风气的变化,细腻地捕捉到东方情趣的追求对人们心理上的影响。"中国"一词不断出现在他们的笔端。

西班牙著名抒情诗人贡戈拉在写于 1587 年的一首谐谑诗中戏言,由于他的贫困以致无力再给那些他所追求的淑女们馈赠包括"中国珠宝"在内的礼物了。在他的代表作长诗《孤独》中,诗人描绘了一系列令人神往的意象,如驯顺的东方,洒满黄金和宝石的土地,等等。贡戈拉诗中的人间天堂,显然是呼应传教士门多萨关于中国的描述,流露出贡戈拉本人对遥远国度的无限向往。

与贡戈拉婉转的意象相比,诗人卡蒙斯明确地展示对中国的歌赞。他在长诗《卢济塔尼亚人之歌》中写道:"哦,骄傲的帝国,闻名遐迩;世上再没有一块土地堪与媲美,她就是中国……"①史料显示,卡蒙斯出身于航海世家,曾因才学过人而被擢升为宫廷诗人。后因宫闱事件被迫远走他乡,开始海上冒险生涯。他一生中最远到达澳门和马六甲,据说《卢济塔尼亚人之歌》的主体部分就是在澳门完成的。或许因为卡蒙

---

① 陈众议《西班牙文学:黄金世纪研究》,译林出版社 2007 年版,第 289 页。

斯曾离中国如此之近,听闻过更多关于中国传说的缘故,才有了《卢济塔尼亚人之歌》专门描写中国的第十章。他对中国的描述较之其他文学家,确实更直白、更真切。

阿古斯丁·德·罗哈斯·比利亚德兰多(Agustin de Rojas Villandrando)在诗篇《快乐的旅途》(El viaje entretenido)中讲述了他在欧洲和其他各地的漫游,而"中国的首都南京"也列在他出访过城市之中。当然这种表述只是诗人们习用的夸张手法,因为从内容上来看也是失实的。因为在他写这一诗篇时,中国明代的帝都早已于永乐十九年(1421)由南京迁往北京了。

前文提到的塞万提斯,曾多次提到"契丹"(Catay)与"中国"(China)。和同时代的绝大多数欧洲人一样,塞万提斯一直以为马可·波罗笔下的"契丹"与地理大发现后西方人开始接触到的"中国"是两个不同的国家。尽管西班牙耶稣会士庞迪我在1602年从北京写给托莱多大主教路易斯·德·古斯曼的信中已论证了"契丹"与"中国"实为同一个国家的不同称谓,但庞迪我的这一新论点尚未被同时代欧洲人所广泛知晓。[①] 所以在塞万提斯的著作中,始终把"契丹"和"中国"当作两个遥远而又神秘的东方帝国来看待。1613年他发表诗作《幸福的下流坯》(El rufindichoso),在历数这个恶棍所去过

① 〔意〕利马窦、金尼阁《利马窦中国札记》(下册),何高济等译,中华书局1983年版,第558页。

的地方时,就包括了"契丹"和"中国"。《堂吉诃德》也有"契丹"与"中国"以及一些与它们相关的事件或传说。

流传最广的关于中国的想象在《堂吉诃德》下卷的《献辞》中。塞万提斯这样写道:"最急切盼着堂吉诃德的是中国的大皇帝。他一月前派特使送来一封中文信,要求我,或可说是恳求我,把堂吉诃德送到中国去,他要为他建立一所西班牙语文学院……"①有人说塞万提斯提到中国只是一个戏谑的玩笑。《堂吉诃德》的英译者塞缪尔·普特南在译本中专门就此加以注释。普特南认为,明朝万历年间神宗皇帝朱翊钧由传教士们充当信使,与西班牙国王确曾有过书信往来,塞万提斯一定是从这桩传闻中得到灵感,才有小说中的神来之笔。事实上,作为文艺复兴时代的一位巨人,塞万提斯不仅多才多艺,知识渊博,而且更有一个充满人道主义精神的博大胸怀。他一生跟随地理大发现以后的全球一体化进程,不断扩展自己的地缘视野,把日益扩大的世界纳入他的思维之中。在《堂吉诃德》一书中,主人公曾这样表白:"我从此要走遍世界七大洲,比葡萄牙太子贝德罗还走得远。"这段话实际上正反映了塞万提斯本人的愿望和抱负。《堂吉诃德》的内容反映出作者不但通晓"地中海世界"的历史和文化,而且对于"新大陆"和"东方"事物也积累了相当丰富的知识,并具有进一步认识新世界

163

第四章 17世纪西班牙帝国的海洋外交与多元融通的价值体系

---

① 〔西班牙〕塞万提斯《堂吉诃德》下卷,杨绛译,人民文学出版社 1985 年版,第 3 页。

的强烈渴望。因此,从《献辞》中有关"中国"的这段话,可以看作塞万提斯全球观念形成的反映。

三、整体历史观念的形塑

西班牙帝国时期东西方的物质和文化交流,打开了人们认知世界的视野,从而引导人们去逐步发现:世界上一切种族都能相互认知,能互易物品,互通有无,如同居住在一个城市里。世界是全球性的。法国史学家拉·波普利尼埃尔把视野投向整个世界,提出了"整体历史"的概念,而17世纪的西班牙史学家们以宽广的记载范围,反思帝国在殖民地的征服掠夺,系统记录作为"他者"的东方理想社会,从不同角度实践了"整体历史"的认识论观点。

(一)反思殖民历史

史学家的笔触是凝重的,跨越海洋、走出欧洲的历程在他们笔下不是昂扬的基调。即使在西班牙帝国凭借殖民称霸欧洲的历史时期,一些亲历者也用客观的记载,建构了当时整个西方世界及其在海外的殖民地发生的变化。16世纪中后期至17世纪的西班牙帝国史,不再仅以欧洲为中心,研究殖民地的历史著作纷纷出现。

最先站出来为印第安人说话的是多明我会传教士巴托洛梅·德拉斯·卡萨斯。他因参加征服美洲行动而获得领地,开始向印第安人传教,后任新西班牙(即今墨西哥)恰帕斯州的主教。他曾因征讨古巴有功而获得一批印第安奴隶,却为后者的悲惨遭遇而深感不安。他曾多次返回西班牙,呼吁改善印第安人的待遇,提出招募西班牙农民前往美洲以实现和平殖民的构想。历经15年之久,他建议改善印第安人待遇的提议,终于得到卡洛斯国王的重视,准许他成立自由印第安人村寨,并选定委内瑞拉一带作为试验地。率领西班牙农民重返美洲的卡萨斯,遭到其他西班牙殖民者的强烈反对,他的改良试验无疾而终。

心灰意冷的卡萨斯开始撰写《西印度毁灭述略》,揭露西班牙殖民者虐杀印第安人的罪行。他写道:"西班牙人所到之处,印第安老幼妇孺就成了牺牲品。他们甚至连孕妇也不放过。他们用标枪或利剑剖开她们的肚子。他们把印第安人当作羊群赶入围栏,然后尽情杀戮,看谁的剑更锋利,可以把印第安人一劈为两或灵巧地剜出他们的内脏。他们夺下怀抱的婴儿,抓住小脚就往石头上摔或者扔进河里……他们把印第安首领钉在木桩上,然后用文火将其烧烤……"卡萨斯认为世界上没有哪种语言可以书写殖民者的罪行。[1] 他的声音完全不同于其他西班牙人的,因为多数西班牙殖民者并不把印第安人当同类。

另一位对西班牙产生重要影响的"战地作家"是贝尔纳

---

[1]　陈众议《西班牙文学:黄金世纪研究》,译林出版社2007年版,第149页。

尔·迪亚斯·德尔·卡斯蒂略。迪亚斯随殖民者埃尔南·科尔特斯参加了阿兹特克战役,晚年在危地马拉度过。《征服新西班牙信史》是一部富有文学价值的历史著作,作品客观地叙述了西班牙殖民者的军事行动和阿兹特克人的顽强抵抗。此外,作品还以清新的笔调描绘了墨西哥的自然风光和人文景观,同时穿插了大量印第安神话传说和奇闻逸事,如西班牙人被印第安人俘虏后如何因祸得福,娶了印第安姑娘为妻;又如印第安姑娘玛林奇如何配合西班牙人,当起了科尔特斯的翻译。① 诸如此类,不一而足。

同样,阿隆索·德·埃尔西利亚·伊·苏尼加在史诗《阿劳加纳》中记录了南美的旖旎风光和印第安人的英勇无畏。《阿劳加纳》共三部分,凡 37 章。作者开宗明义,谓作品"绝非文学想象,而是对真实事件的忠实记录"。作品一方面肯定西班牙殖民者如何英勇善战,另一方面又为印第安人不屈不挠的精神所感动。印第安人虽然没有坚固的城堡和精良的武器,却硬是凭着一股子为自由拼命的勇气,让每一寸土地浸染两军将士的鲜血。他们父亡子续,前赴后继,连妇幼也拿起了武器。洛佩·德·维加高度赞扬《阿劳加纳》,谓"堂阿隆索·德·埃尔西利亚/你的灵感带着西印度/从智利迢迢而来/装

---

① 〔西班牙〕贝尔纳尔·迪亚斯·德尔·卡斯蒂略《征服新西班牙信史》,江禾译,商务印书馆 2009 年版,第 2 页。

点卡斯蒂利亚的缪斯"①。伏尔泰也曾盛赞这部作品,并称其中的一些形象堪与荷马的人物相媲美。

与此同时,以贝尔纳尔迪诺·德·萨阿贡为代表的西班牙传教士搜集、整理了大量印第安文化遗产。萨阿贡在卷帙浩繁的《新西班牙物志》中记录了印第安人的宗教、历史、天文、地理、语言、伦理、政治、经济及动植物和矿山资源等等。由于作者是西班牙殖民者和印加人的儿子,从小生活在印加贵族之中,写作时又用了大量的印第安语汇,西印度事务委员会曾下令将其作品禁毁。

印加·加尔西拉索·德·拉·维加的代表作《王家述评》,两大部分分别发表于 1609 年和 1617 年(遗作)。第一部分的副标题为"叙述秘鲁诸王和印加人的起源,他们的信仰和法律,和平及战争时期的政治体制,生活状况和战斗方式,以及西班牙人到来之前的一切",第二部分的副标题为"秘鲁的过去,它的发展过程,西班牙人的进入,皮萨罗和阿尔马格罗为争夺领地发生的内讧,暴君的产生和他们得到的惩罚,等等"。② 它们与其说是副标题,倒不如说是题词。作品包罗万象,内容包括西班牙入侵前后印加帝国的历史、政治、宗教、建筑、风俗、传说等等,字里行间流露出作者的矛盾心态。

---

① 陈众议《西班牙文学:黄金世纪研究》,译林出版社 2007 年版,第 149 页。
② 陈众议《西班牙文学:黄金世纪研究》,译林出版社 2007 年版,第 150 页。

(二)全景透视"他者"

从中世纪晚期直至 17 世纪初叶,中国一直都是西班牙人想象的世外桃源。他们当中有些人到访过中国,所见所闻形成记录更加深了西班牙人对这个东方国度的无限神往。16 世纪西班牙大帆船贸易圈经济,促使大量质优物美的中国产品进入欧洲。当西班牙帝国备受国内经济萎缩之苦,处于同一历史时期的明代中国,其商品经济却繁盛蓬勃。中国生产的精美丝绸、瓷器以及各类工艺品,由西班牙船队运到欧洲。经由商品的日常传播,中华文明深刻地影响了欧洲人的生活时尚。欧洲各国执政者觊觎中国的财富,试图全方位知晓中国国情,进一步制定有效的对华策略。

如图 4-1 所示,1584 年欧洲第一张中国地图出自西班牙王室御用画师巴尔布达之手。次年,西班牙传教士门多萨编撰的《中华大帝国史》横空出世,引起整个欧洲的震动。到 17 世纪初叶,已经被译成欧洲各国文字,共发行 46 版,堪称盛况空前。这在当时是关于中国最全面、详尽的一部著作,从自然环境、历史沿革到风俗文化、宗教信仰再到政治结构、经济情况,等等,堪称欧洲最有影响的专论中国的一部百科全书。

图 4-1 巴尔布达,欧洲出版的第一张中国地图,即 1584 年的《中国新图》(局部)

图片来源:西班牙塞维利亚市"印度总档案馆"。

  《中华大帝国史》共分两部。第一部共三卷,凡 44 章,分别从自然地理、宗教信仰和道德政治三个方面介绍 16 世纪的中华帝国。第一卷列 10 章,重点介绍了 16 世纪中华大帝国的疆域、气候、物产、行政区划等十个方面的概况。第二卷列10 章,主要讲述中华大帝国的宗教信仰、婚葬礼俗以及对超自然力量的崇拜。第三卷列 24 章,主要涉及中华大帝国历代帝王的世系、各级官吏的行政管理、司法军事制度、文书科举、外交礼节、生活礼仪等概况,其中第七章、第十七章、第二十三章和最后一章专章列出中华大帝国对于外国人的行政管理、外交策略和民间交往方式。

《中华大帝国史》的第二部共三卷,凡 74 章,分别是三篇传教士的中国纪行。第一卷列 32 章,记述马丁·德·拉达和赫罗尼莫·马林两位神父及随行传教士于 1575 年自菲律宾前往中华大帝国,在福建泉州、福州逗留四个月又十六天里,与福建官员、军人、商人以及生活在那里的西班牙人交往接触的见闻。第二卷列 15 章,记述 1579 年西班牙驻菲律宾圣方济各修会神父佩德罗·德·阿尔法罗的中国纪行,一行四人在广州、福州、泉州逗留七个月。第三卷列 27 章,描述传教士们在 1584 年自西班牙到中国,再由中国经东印度返回西班牙,环球航行沿途的所见所闻。

门多萨一生未能亲自到访中华帝国,他凭借同时代人关于中国的纪实文献,写成了《中华大帝国史》这样一本史学巨著。许多欧洲探险家、传教士们都曾以信件、日记、游记等不同体裁记录或描述过中国。门多萨在撰写《中华大帝国史》时引用、借鉴最为频繁的是葡萄牙传教士加斯帕·达克鲁斯撰写的《中国志》、西班牙奥古斯丁修会马丁·德·拉达神父撰写的《中国纪行》,以及西班牙国王使团成员米格尔·奥尔加撰写的《信史》。另外,西班牙圣方济各修会修士佩德罗·德·阿尔法罗等四人的中国纪行和圣方济各修会修士马丁·

伊格纳西奥·罗耀拉的环球航行札记,都为门多萨的写作提供了翔实的资料。① 因此,门多萨专门把以上三篇中华帝国纪行收入《中华大帝国史》的第二部,一切描述均由门多萨亲笔撰写。

门多萨的《中华大帝国史》之所以影响如此广泛而深远,不仅仅在于他对资料的全面掌握,作者试图全景透视中华帝国的境界、视野和综合能力更值得关注。门多萨自青年时代开始关注东方问题,在中国研究领域他表现出学者的专注和政治家的敏感。传教士生涯使他有更多机会接触西班牙社会各阶层人士,国王贵族、政治精英或者探险家、商人,丰富的见闻使门多萨对中国有着更为客观、全面的认识。他对中国历史和华夏文明的评述,不带丝毫种族主义的偏狭和片面,无论在当时还是后世,都极为深刻地影响了西班牙汉学家的中国观。作为一流的古典作家和驾驭语言的大师,门多萨的文学才华使《中华大帝国史》具有极强的可读性。

《中华大帝国史》打开了欧洲人了解和认识中国的窗口。通过这部著作,16世纪的欧洲人穿越那些充满神秘色彩的传闻,从"想象"中国进入"认识"中国的阶段。这也正是《中华大帝国史》最值得记取的历史意义。菲利普二世为表彰门多萨撰写《中华大帝国史》的成就,特别给予他享有这一著作出版

---

① 〔西班牙〕门多萨《中华大帝国史》,孙家堃译,译林出版社2014年版,第26页。

特许权 20 年的恩赐。在门多萨的影响下，西班牙传教士不断探访遥远的国度，讲述更多的中国故事（图 4-2）。

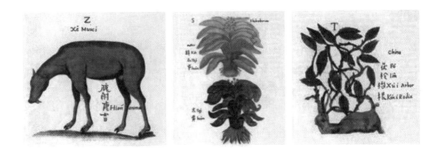

图 4-2　天主教耶稣会传教士卜弥格（Michel Boym，1612—1659）绘制的麝香、大黄、土茯苓

图片来源：西班牙塞维利亚市"西印度群岛总档案馆"。

结　语

　　史学家布罗代尔在其"地中海与地中海世界"研究中提示后人："地中海甚至不只是一个海，而是群海的联合体。"①换言之，西班牙在大航海时代形成的海洋文化表征，在欧洲乃至人类历史上具有独特的不可替代的作用，也是西方文化史链条上不可或缺的一环。

　　大航海时代的西班牙文化，说到底是一种广义的文化现象，并且是已经成为了历史的一种文化现象。任何对历史文化问题的重新考察，都必须要有一种强烈的辩证的历史文化

---

　　① 〔法〕费尔南·布罗代尔《菲利普二世时代的地中海和地中海世界》（二卷本）第一版序言，唐家龙、曾培耿译，商务印书馆 1996 年版。

意识。今天研究西班牙黄金世纪的海洋文化现象，就是要通过对它的科学研究，来考察那个时代的人们对自身认识所达到的程度和对人与世界关系的把握程度，即当时文明所达到的尺度。通过对这种文化所达到的文明价值的把握，我们才能够真正辨识西班牙黄金世纪的海洋文明比欧洲其他国家的人走快了多远，也才能够看清楚他们与后来的海洋国家相比，还有多少不足，从而对人类文明的发展做出科学的说明。

基于上述辩证的历史文化观，本书紧紧围绕着 15～17 世纪西班牙帝国以海洋为中心的活动中所出现的一系列重大问题，尤其是如何看待和评价文化在西班牙这个海洋强国特定历史时期的功用的问题上，以丰富详尽、多种形式的史料，从时间维度、空间维度、精神维度上进行了宏观而具体的解答，强调指出文化先行策略是西班牙帝国三个世纪的治国之本。

本书运用史学研究的方法，对西班牙帝国的发展做历时性考察，但并不拘囿于确切年份起止，代之以帝国发展的态势或具有里程碑意义的事件作为节点。具体来看，研究 15 世纪的西班牙会关注帝国的海洋扩张与文化先行策略之间的因应互动。分析帝国崛起的上升阶段，海洋文化的显性物质层面表现为海上探险、海洋拓殖，海洋文化的隐性精神层面体现在两个向度的价值引导，即以语言为载体面向殖民地实施"命名"，以文学为载体面向国内构建"帝国想象"。此一时期，负载帝国意志的政治军事行为通过文化先行策略的隐性助推，凝聚成帝国初期社会各阶层的普遍价值认同。

16世纪西班牙帝国的显著事件是形成大三角贸易。海洋贸易给西班牙人带来早期经济全球一体化的繁盛,也给他们丢下尾大不掉的困扰。运用空间同化策略,发挥空间规训功能,面向国内树立王权威严,消除"黄金漏斗"经济造成的民怨,面向国外殖民地则强化了宗主国的一体化管理。西班牙新首都马德里和美洲殖民地首都利马,都是西班牙王室命名兴建的新城,赋予它们首都的规模和地位,这一形式本身也充满了"命名"的权威意志。马德里和利马的个案说明了早期全球经济一体化时期,宗主国与殖民地之间如何利用空间规训的文化经营达到意识形态的一体化。

17世纪西班牙帝国即使在因西欧本土"战国"四起、诸"雄"争霸、海外世界相互吞并、战争厮杀不断而由盛转衰的这一历史阶段,面对内忧外患的局势,也十分注重运用"文化适应"策略,通过刚性和柔性并重的外交手段,去试图巩固其帝国王朝"最后的辉煌"。此一时期,经过两个多世纪海洋文化经营的西班牙人,已经在思想观念上形成了较为系统的"西班牙式"的世界意识,从日常生活、文学表现和历史记忆三方面反映出了具有多元融通特征的价值思想体系。东西方交流、全球贸易给西班牙人的生活打上深深的时代烙印,帝国时期形成的造型艺术、文学作品、汉学研究等精神文化产品,形塑了多元融通的价值体系,对欧洲启蒙主义运动影响深远。西班牙"帝国"及其海洋扩张的硬实力早已成为过眼烟云,但西班牙人海洋文化软实力的影响并没有因帝国的消亡而消失,流播久远依然不容忽视。

笔者认为,西班牙作为一个海洋帝国,不仅仅是从疆域类型来划分,这也凸显了西班牙文化的海洋特质。纵观15～17世纪西班牙帝国的历史,我们不难发现,西班牙这一时期的政治、经济、军事皆为缘海而兴。西班牙帝国凭借海洋军事、海洋政治、海洋经济所形成的海洋硬实力,与海洋外交、海洋审美、海洋价值观所形成的海洋软实力因应互动,在三个世纪当中或明暗呼应,或并驾齐驱,或互为因果,以一种动态过程建构了西班牙独特的海洋文化经营模式。

随着世界现代化、经济全球化进程的迅速推进,人类生活的地球暴露出越来越多的环境、资源、精神与社会问题,因而人们的关注热点,已由以往对经济发展的重视,对科技发展这一"工具理性"的重视,更多地转向了对文化的重视。本书将大航海时代西班牙帝国的兴衰变迁作为海洋文化研究的"化石",全面系统地考察了这一曾经的西方海洋强国之成败得失,探索"海洋"因子在时间维度、空间维度,尤其是在精神维度上,对西班牙人的深刻影响。作为一个已经成为历史的闭环的海洋文化研究案例,西班牙黄金世纪的海洋策略,无疑可以当作我国实践和平海洋强国建设战略的"他山之石",因此,其成败得失具有重要的比较与借镜意义。

参考文献

一、中文著作

[1] 曲金良.中国海洋文化发展报告(2013年卷).北京:社会科学文献出版社,2014.

[2] 曲金良.中国海洋文化基础理论研究.北京:海洋出版社,2014.

[2] 杨国桢.瀛海方程——中国海洋发展理论和历史文化.北京:海洋出版社,2008.

[4] 张铠.中国与西班牙关系史.北京:五洲传播出版社,2013.

[5] 陈众议.西班牙文学:黄金世纪研究.南京:译林出版社,2007.

［6］秦海波.大国无疆:西班牙皇室.北京:中国青年出版社，2013.

［7］王加丰.西班牙葡萄牙帝国的兴衰.西安:三秦出版社，2005.

［8］包亚明.现代性:空间的生产.上海:上海教育出版社，2003.

［9］〔西班牙〕克拉维约.克拉维约东使记.杨兆钧译.北京:商务印书馆,1957.

［10］〔西班牙〕哥伦布.孤独与荣誉:哥伦布航海日记.杨巍译.南京:江苏凤凰出版社,2014.

［11］〔西班牙〕胡安·冈萨雷斯·德·门多萨.中华大帝国史.孙家堃译.北京:中央编译出版社,2009.

［12］〔西班牙〕贝尔纳尔·迪亚斯·德尔·卡斯蒂略.征服新西班牙信史.江禾译.北京:商务印书馆,2009.

［13］〔英〕亨利·卡门.黄金时代的西班牙.吕浩俊译.北京:北京大学出版社,2016.

［14］〔英〕雷蒙德·卡尔.西班牙史.潘诚译.上海:中国出版集团东方出版中心,2009.

［15］〔法〕费尔南·布罗代尔.菲利普二世时代的地中海和地中海世界.唐家龙译.北京:商务印书馆,1996.

［16］〔波多黎各〕路丝·洛佩斯—巴拉尔特.西班牙文学中的伊斯兰元素:自中世纪至当代.宗笑飞译.北京:中国社

会科学出版社,2014.

[17]〔英〕罗杰·克劳利. 地中海史诗三部曲(《1453：君士坦丁堡之战》《海洋帝国：地中海大决战》《财富之城：威尼斯海洋霸权》). 陆大鹏译. 北京：社会科学文献出版社,2014.

[18]〔西班牙〕萨尔瓦多·德·马达里亚加. 哥伦布传. 朱伦译. 北京：人民文学出版社,2011.

[19]〔英〕赫德森. 欧洲与中国. 李申等译. 北京：中华书局,2004.

[20]〔德〕黑格尔. 历史哲学. 王造时译. 北京：三联出版社,1956.

[21]〔美〕杰克·戈德斯通. 为什么是欧洲：世界史视角下的西方崛起(1500—1850). 关永强译. 杭州：浙江大学出版社,2010.

[22]〔日〕盐野七生. 罗马灭亡后的地中海世界. 田建国译. 北京：中信出版社,2014.

[23]〔美〕唐纳德·F. 拉赫. 欧洲形成中的亚洲. 周宁译. 北京：人民出版社,2013.

[24]〔乌拉圭〕加莱亚诺. 镜子：照出你看不见的世界史. 张伟劼译. 桂林：广西师范大学出版社,2008.

[25]〔阿根廷-美国〕瓦尔特·米尼奥罗. 文艺复兴的隐暗面：识字教育、地域性与殖民化. 魏然译. 北京：北京大学出

版社,2016.

[26] 〔英〕巴里·布赞. 世界历史中的国际体系——国际关系研究的再构建. 刘德斌译. 北京:高等教育出版社,2004.

[27] 〔美〕伊曼纽尔·沃勒斯坦. 现代世界体系. 郭方译. 北京:高等教育出版社,1998.

[28] 〔美〕罗伯特·吉尔平. 世界政治中的战争与变革. 宋新宁译. 北京:中国人民大学出版社,1994.

[29] 〔英〕尼古拉斯·奥斯特勒. 语言帝国. 章璐译. 上海:上海人民出版社,2016.

[30] 〔法〕米歇尔·福柯. 权力的眼睛:福柯访谈录. 严锋译. 上海:上海人民出版社,1997.

[31] 〔美〕威廉·福斯特. 美洲政治史纲. 冯明方译. 北京:人民文学出版社,1956.

[32] 〔法〕皮埃尔·布迪厄. 实践与反思. 李猛译. 北京:中央编译出版社,1998.

[33] 〔美〕桑贾伊·苏拉马尼亚姆. 西班牙帝国在亚洲. 何吉贤译. 澳门:澳门出版社,1997.

[34] 〔德〕贡德·弗兰克. 白银资本:重视经济全球化中的东方. 刘北成译. 北京:中央编译出版社,2000.

[35] 〔法〕费尔南·布罗代尔. 15 至 18 世纪的物质文明、经济和资本主义. 顾良等译. 北京:商务印书馆,2017.

[36] 〔美〕刘易斯·芒福德. 城市发展史——起源、演变和前景.

宋俊岭、倪文彦译. 北京：中国建筑工业出版社，2005.

[37]〔荷兰〕彼得·李伯庚. 欧洲文化史. 赵复三译. 南京：江苏人民出版社，2012.

[38]〔英〕简·莫里斯. 西班牙：昨日帝国. 朱琼敏译. 上海：东方出版中心，2015.

[39]〔西班牙〕圣地亚哥·加奥纳·弗拉加. 欧洲一体化进程：过去与现在. 朱伦译. 北京：社会科学出版社，2009.

[40]〔美〕温迪·J.达比. 风景与认同. 张箭飞、赵红英译. 南京：译林出版社，2011.

[41]〔英〕菲利普·德·索萨. 极简海洋文明史：航海与世界历史五千年. 施诚、张珉璐译. 北京：中信出版集团，2016.

[42]〔西班牙〕奥尔特加·伊·加塞特. 没有主心骨的西班牙. 张明林译. 桂林：漓江出版社，2015.

二、外文著作

[1] Disney A R. A History of Spain. Cambridge：Cambridge University Press，2009.

[2] F Braudel. Capitalism and Material Life，1400—1800. London：Fontan Press，1974.

[3] Gaston Wiet. History of Mankind Cultural and Scientific Development. London：Government Printing，1975.

[4] H Kamen. The Escorial：Art and Power in the Renais-

sance. New Heven：Yale University Press，2010.

［5］Ángel Estévez Molinero. La ficción novelesca en los siglos de oro y la literatura europea. Sevilla：Navarro Durán，2006.

［6］Ortega y Gasset Jose. España invertebrada. Madrid：El Sol，1922.

［7］Márquez Villanueva. Espiritualidad en el Siglo de Oro. Madrid：Alfaguara，1988.

［8］Mary Barnard & Frederick De Armas. Objects of Culture of Imperial Spain. Toronto：University of Toronto Press，2013.

［9］Paul Julian Smith. Writing in the Margin：Spanish History of the Golden Age. Oxford：Clarendon Press，1988.

［10］W L Shurtz. The Manila Galloen. New York：E.P. Dutton，1939.

［11］J H Elliott. Imperial Spain（1469—1716）. London：Edward Arnord Press，1963.

［12］D L Parsons. A Cultural History of Madrid. Oxford：Belge，2003.

三、期刊论文

［1］王加丰.“地理大发现”的文化背景. 浙江师大学报（社会

科学版),1993(1):18-23.

[2] 项冶,黄昭凤.15—18世纪西班牙美洲殖民统治的特点及影响.琼州学院学报,2014(6):96-102.

[3] 张礼刚,疏会玲.15世纪西班牙马兰诺的权益维护与身份认同.世界民族,2013(6):70-78.

[4] 张家唐.论西班牙帝国衰落与大英帝国崛起的关系.贵州社会科学学报,2013(12):118-122.

[5] 张成霞.西方文化在菲律宾的传播与融合——以西班牙、美国为例.贵州大学学报(社会科学版),2013(6):43-68.

[6] 陈洁.西、葡海外扩张与殖民统治政策异同比较.他山石,2013(7):278-280.

[7] 赖晨.哥伦布讨薪.文史博览,2012(2):28.

[8] 索萨.重构世界史:《镜子》及加莱亚诺.读书,2012(8):81-90.

[9] 张先清.身体的隐喻:16—18世纪欧洲社会关于"中国人"的种族话语.学术月刊,2011(11):129-146.

[10] 李德霞.近代早期西班牙在东亚的天主教传播活动.历史档案,2011(4):33-40.

[11] 刘少才.哥伦布笔下的百慕大三角区.中国海事,2011(10):71-72.

[12] 宋宝军,王晋新.奥斯曼扩张与16世纪欧洲国际均势的演变.史学集刊,2015(5):94-100.

［13］陈红岩. 大航海时期的香料传奇. 生命世界,2010(8)：
　　　12-15.

［14］冀强. 论西班牙"黄金时代"战争的宗教形式. 许昌学院
　　　学报,2010(4):111-114.

［15］李博. 闭塞环境对拉美土著文明的影响——读《枪炮、病
　　　菌与钢铁》有感. 山西师范大学学报(自然科学版),2010
　　　(4):56-59.

［16］刘少才. 哥伦布与航海. 环球视窗,2010(3):56-57.

［17］王秀红. 美、西在菲律宾的殖民统治特点. 昭通师范高等
　　　专科学校学报,2009(3):10-13.

［18］王亚平. 16 世纪西班牙美洲殖民地天主教传教活动的政
　　　治作用. 历史研究,1992(5):154-163.

［19］王松亭. 16 世纪西班牙殖民统治体制探微. 史学集刊,
　　　1993(1):48-53.

［20］王恩收. 闲话海盗. 文史月刊,2009(5):1.

［21］李亚敏. 对海洋的探险. 世界知识,2009(8):20.

［22］王盟. 浅析伊丽莎白一世海上政策中的海盗因素. 安徽
　　　文学,2008(7):194.

［23］李炜. 海盗与 1588 年英西海域. 安徽文学,2008(5):
　　　190.

［24］龚缨晏. 意大利间谍的战利品:《坎蒂诺地图》. 西方古地
　　　图纵览专栏,2008(3):100-103.

[25] 秦海波. 试论早期世界大国西班牙的核心价值观. 科学对社会的影响, 2008(1):38-41.

[26] 彭慧. 菲律宾"摩洛人"及"摩洛形象"的由来——以西班牙殖民时期为探讨中心. 厦门大学学报(哲学社会科学版), 2008(1):92-99.

[27] 龚缨晏. "哥伦布航海图"之谜. 西方古地图纵览专栏, 2008(11):108-111.

[28] 许璐斌. 葡萄牙和西班牙的远东"保教权"之争及其历史影响. 北京教育学院学报, 2008(2):39-43.

[29] 杨瑾. 试论奥斯曼帝国与英国的关系:1558—1603. 唐都学刊, 2007(5):106-111.

[30] 刘淑青. 17世纪初英西外交失败原因剖析. 怀化学院学报, 2007(7):40-42.

[31] 王云龙. 基督教语境中普世人权的发轫——兼论西方学者的人权发生学观念. 东北师大学报(哲学社会科学版), 2007(3):47-52.

[32] 张承志. 地中海边界. 回族研究, 2007(2):17-20.

[33] 王翠文. 国际体系变革背景下对西班牙帝国周期的分析. 当代世界与社会主义, 2007(2):21-26.

[34] 宋晓梅. 宗教改革与16世纪上半期欧洲的国际关系. 中国天主教, 2002(2):48-49.

[35] 付正新. 试论西班牙17世纪衰落的历史教训. 湖北师范

学院学报(哲学社会科学版),2006(4):27-32.

[36] 王银星. 海权、霸权与英帝国. 湖南科技大学学报(社会科学版),2009(4):101-105.

[37] 黄一农. 大航海时代中的十字架. 世界汉学,2006(1):98-113.

[38] 沃尔夫冈·莱因哈特[德]. 历史上的大西洋交流(廖礼蓉,孙立新译). 中国海洋大学学报(社会科学版),2006(2):20-26.

[39] 马红霞,孙燕. 对中西方航海活动结果不同的理性思考. 河南师范大学学报(哲学社会科学版),2006(2):135-138.

[40] 张箭. 哥伦布第二次远航与旧大陆生物初传美洲. 历史研究,2005(3):145-157.

[41] 金国平,吴志良. 西方汉字印刷之始——兼论西班牙早期汉学的非学术性质. 世界汉学,2005(1):143-147.

[42] 罗翠芳. 16—18世纪商人资本在西欧国际流动的原因探析. 武汉大学学报(人文科学版),2005(3):177-182.

[43] 钱乘旦. 资本主义体系下的"世界强国"问题. 世界历史,2004(6):37-49.

[44] 冯燕玲. 强势文化与弱势文化的关系——西班牙在拉美殖民的反思. 海淀走读大学学报,2004(6):43-48.

[45] 田利平. 哥伦布:寻找中国发现了美洲. 中国地名,2004

（11）:33.

[46] 李张兵. 对哥伦布行为的历史分析. 上饶师范学院学报，
2004(1):51-54.

[47] 施雪琴. 16 世纪天主教会对西班牙海外管辖权的争
论——兼论菲律宾群岛的"和平征服". 厦门大学学报
(哲学社会科学版),2004(1):122-128.

[48] 施雪琴. 16—17 世纪西班牙传教士与菲律宾民族语言的
发展. 东南亚,2003(3):59-64.

[49] 远方. 蓝色文明的波涛——西欧的崛起. 理论参考,2002
(8):47-49.

[50] 晓陈. 哥伦布与珍珠. 海洋世界,2002(4):44-45.

[51] 海峰. 哥伦布征服美洲的秘密武器. 文史春秋,2002(3):
37-38.

[52] 贺飞蛟. 略论西班牙穆斯林的被逐. 重庆师专学报,2001
(4):31-34.

[53] 高寿平. 从殖民政策看西班牙殖民帝国衰亡的原因. 皖
西学院学报,2001(1):41-44.

[54] 张黎夫,张大春. 对西、葡开辟新航路的再认识. 延安大
学学报(社会科学版),1998(3):74-77.

[55] 查灿长. 腓力二世与西班牙帝国的衰败. 烟台师范学院
学报(哲社版),1998(4):48-55.

[56] 杨宁生. 哥伦布四次横渡大西洋. 湖北大学学报(哲学社

会科学版）：1979（3）：76-87.

[57] 杨衍永，王昭春．哥伦布对美洲的四次航行．拉丁美洲丛刊，1980（1）：59-61.

[58] 钱明德．哥伦布发现美洲的主旋律——新旧大陆文化的汇合．世界历史，1994（3）：59-66.

[59] 詹重淼．哥伦布航行侧面说二三．湖北大学学报（哲学社会科学版），1992（5）：57-59.

[60] 洪国起．哥伦布开辟新航路的历史考察与思考．拉丁美洲研究，1991（6）：14-20.

[61] 张玉玲．哥伦布开始的美洲移民活动及特点．世界历史，1985（5）：136-140.

[62] 张桂荣，张艳凤．哥伦布新释．潍坊教育学院学报，1998（4）：30-32.

[63] 徐均平．哥伦布研究中的几个问题．兰州大学学报（社会科学版），1987（3）：30-35.

[64] 王方宪．关于哥伦布功过的几种评说．历史教学，1992（10）：16-18.

[65] 郑如霖．关于西班牙和葡萄牙首先寻找新航路问题．历史教学，1980（4）：44-50.

[66] 陈文林．历史唯心主义的标本——评苏联史学家对西班牙传教士拉斯·卡萨斯形象的美化．青海师范大学学报，1980（4）：14-20.

[67] 张家唐. 论哥伦布西航的动机. 河北大学学报,1992(2)：56-60.

[68] 郑如霖. 略论西班牙文艺复兴的特点及其产生原因. 华南师范大学学报(社会科学版),1991(2):56-61.

[69] 古钟. 马尔皮卡和他的西班牙盐史研究. 盐业史研究,2001(4):12-14.

[70] 吴云鹏,钱铎. 十六世纪初至十九世纪初天主教会在拉丁美洲的反动作用. 历史教学(下半月刊),1964(3):32-37.

[71] 张卫良. 十六世纪西班牙经济政策浅析. 杭州师范学院学报,1991(1):68-73.

[72] 张卫良. 试论 15—16 世纪西班牙君主专制制度的特点. 杭州师范学院学报,1993(5):45-49.

[73] 陆伟芳. 试论地理大发现的前因和后果——纪念哥伦布到达美洲 500 周年. 扬州师院学报(社会科学版),1992(5):117-121.

[74] 贺蓉. 试探英、西兴衰与王权的关系. 湖北科技学院学报,1983(2):37-44.

[75] 李家骅,李祥. 外国人的姓名——西班牙、葡萄牙的名字. 世界历史,1979(5):96-97.

[76] 郝名玮. 西班牙、葡萄牙美洲殖民地资本主义的产生、发展及其特征——一种研究方法的提议与试用. 史学理论

研究,1994(1):92-99.

[77] 于霞,吴长春. 西班牙帝国的兴衰. 历史教学,1990(1):26-29.

[78] 张岚. 西班牙帝国衰落的历史考察. 咸阳师专学报(综合版),1994(1):55-63.

[79] 王加丰. 西班牙帝国为什么衰落. 浙江师大学报(社会科学版),1997(6):57-61.

[80] 覃翠柏. 西班牙何以成为"黄金漏斗"兼谈16—17世纪西班牙的衰落. 玉林师范高等专科学校学报,2000(2):30-32.

[81] 周南京. 西班牙天主教会在菲律宾殖民统治中的作用. 世界历史,1982(2):56-63.

[82] 邹云保. 西班牙征服中国计划书的出笼及其破产. 南洋问题研究,2001(3):53-62.

[83] 韩琦. 西班牙殖民统治时期秘鲁的经济制度. 聊城师范学院学报(哲学社会科学版),2000(1):35-40.

[84] 周爱传. 西方资本原始积累时期殖民活动特点. 广西右江民族师范高等专科学校学报,1999(3):38-41.

[85] 李勇,梁民愫. 西欧人世界观念的近代化. 江西广播电视大学学报,2000(1):16-19.

[86] 李隆庆. 新大陆的一份沉重礼物——烟草的发现、传播及其他. 华中师范大学学报(哲学社会科学版),1997

(5):86-92.

[87] 吴长春. 新航路开辟的宗教动因. 史学月刊,1989(1):
 85-89.

[88] 陈玮. 英国女王伊丽莎白一世和海盗德雷克——试述英
 国早期殖民活动与海盗行径. 内蒙古大学学报(哲学社
 会科学版),1983(2):47-54.

[89] 夏继果. 英西战争(1588—1604)中的英方政策评价. 世
 界历史,1998(4):53-60.

[90] 廖大珂. 早期西班牙人看福建. 南洋问题研究,2000(2):
 68-75.

[91] 谢天冰. 早期殖民帝国之比较. 福建师范大学学报(哲学
 社会科学版),1993(2):120-135.

[92] 张继军. 双屿港与十六世纪全球贸易圈的关系研究. 浙
 江学刊,2012(4):34-39.

[93] 陈众议. 从西葡古典文学看西方霸权的文化先行策略.
 宁波大学学报(人文科学版),2011(4):1-6.

[94] 朱明. 近代早期西班牙帝国的殖民城市——以那不勒
 斯、利马、马尼拉为例. 世界历史,2019(2):62-76.

[95] 朱明. 米兰、马德里、墨西哥城——西班牙帝国的全球城
 市网络. 世界历史,2017(3):29-42.

[96] 王延鑫. 语言乃帝国伴侣:西班牙帝国征服阶段的命名
 探析. 西南科技大学学报(哲学社会科学版),2019(6):

1-6.

［97］杨国桢. 重新认识西方的"海洋国家论". 社会科学战线，
2012(2):223-230.

［98］李萍,魏则胜. 文化伦理的存在与意义. 中州学刊,2005
(6):131-134.

［99］张开城. 主体性、自由与海洋文化的价值观照. 广东海洋
大学学报,2011(5):1-6.

［100］赵窆斐,宋坚刚. 生态文明视界中空间政治差异及政党
的资源调配. 领导科学,2011(2):4-8.

［101］庄友刚. 西方空间生产理论研究的逻辑、问题和趋势.
马克思主义与现实,2011(5):116-122.

［102］曲金良. 和平海洋:中国"海洋强国"战略的必然选择.
浙江海洋学院学报(人文科学版),2013(3):7-11.

四、博士论文

［1］饶淑莹. 世纪之交的帝国研究. 华东师范大学,2007.

［2］崔维孝. 明清之际西班牙方济各在华传教研究. 暨南大
学,2004.

［3］刘笑阳. 海洋强国战略研究. 中共中央党校,2016.

后　记

2004 年我第一次抵达西班牙,在马德里自治大学做访问学者,又在那里申请到欧洲埃拉斯谟(Erasmus)基金资助,到剑桥大学访学。我们那代人都喜欢作家三毛,因为她把仗剑天涯的传奇变成生命的一种可能。我也想像她,无限突围生命的疆界,走走看看想想。

"重返"西班牙,是在 10 年之后;这一次抵达不是空间,而是精神。从 2013 年我的博士论文选题,到 2014 年教育部课题立项,再到 2019 年申报国家社科课题成功,我的些许学术收获皆来自西班牙黄金世纪研究的矿脉。当年那些兴之所至的阅读采集,蓦然回首,竟是朝花夕拾的伏笔。

在我看来,学术研究是一件值得长情的事情;因为庄严,不敢轻言热爱。当我尝试用文字表达对西班牙黄金世纪的执着时,我也时常感到学识能力和知识结构的浅陋,因为"剖析与综观一个时代的基本精神内涵,是一项兼有历史学家之批判性事实研究和哲学家之架构性想象的使命"①。

本书在写作过程中,参考和引用了大量的中外文资料和他人的研究成果,其中有些在行文中已经注明,有些作为参考文献列于书后,但更多给我启发的看法和观点,由于篇幅有限,无法一一列出。但我始终保持真诚的感激,那些在文字里一次次相遇,那些直接和间接影响过我的典籍文献,成全了本书的写作。

这本书从选题到定稿,历时五年有余。在整个写作过程中,我得到众多师友的帮助和鼓励。衷心感谢上海交通大学刘建军教授、中国海洋大学曲金良教授的悉心培养和言传身教,两位老师百忙之中为本书作序,激励有加,更令我万分感动,汗颜不已。

博士研修阶段受教于中国海洋大学诸位老师,薛永武教授、刘怀荣教授、朱自强教授、张胜冰教授、权锡鉴教授、高强教授的指导和鼓励犹记在耳,感念于心。感谢我在中国海洋大学的诸位同事和学生,那些充满理解和鼓励的交流支撑我

① 〔德〕特洛尔奇《基督教理论与现代》,朱雁冰等译,华夏出版社2004年版,第43页。

完成写作。

感谢西班牙马德里自治大学的 Taciana Fisac 教授和 Isabel Veloso 教授在本书写作过程中给予我的资料支持和学术建议。感谢中国海洋大学文学与新闻传播学院院长修斌教授和中国海洋大学出版社纪丽真教授，是他们的鼓励和敦促，促成本书的出版。

感谢我的父母和爱人。每一次起跳，都是爱的动力。

刘　爽

2020 年立秋

195

后
记